Dinesh Kumar Sen

Tunelamento quântico molecular

Dinesh Kumar Sen

Tunelamento quântico molecular

Uma breve descrição

ScienciaScripts

Imprint
Any brand names and product names mentioned in this book are subject to trademark, brand or patent protection and are trademarks or registered trademarks of their respective holders. The use of brand names, product names, common names, trade names, product descriptions etc. even without a particular marking in this work is in no way to be construed to mean that such names may be regarded as unrestricted in respect of trademark and brand protection legislation and could thus be used by anyone.

Cover image: www.ingimage.com

This book is a translation from the original published under ISBN 978-3-330-34708-3.

Publisher:
Sciencia Scripts
is a trademark of
Dodo Books Indian Ocean Ltd. and OmniScriptum S.R.L publishing group

120 High Road, East Finchley, London, N2 9ED, United Kingdom
Str. Armeneasca 28/1, office 1, Chisinau MD-2012, Republic of Moldova, Europe
Printed at: see last page
ISBN: 978-620-7-73339-2

ÍNDICE DE CONTEÚDOS

Introdução

O "tunelamento" é o nome metafórico dado ao processo, possível na mecânica quântica, mas não na mecânica clássica, pelo qual uma partícula pode desaparecer de um lado de uma barreira de energia potencial e aparecer do outro lado sem ter energia cinética suficiente para transpor a barreira. Pode pensar-se neste facto como uma manifestação da natureza ondulatória das partículas. O comprimento de onda é maior se a partícula for mais leve. Em particular, os electrões, sendo muito leves em comparação com os átomos, têm comprimentos de onda tão grandes ou maiores do que os átomos a energias encontradas nas camadas de valência das moléculas.

Assim, podem facilmente atravessar e circundar átomos e moléculas. Estamos também preocupados com o tunelamento de partículas pesadas: núcleos, átomos, moléculas. Nem sempre se trata de uma única partícula e de uma barreira bem definida. A "barreira" pode ser simplesmente uma disposição de todo um conjunto de átomos e moléculas cuja energia potencial é superior à energia total disponível no sistema. Enquanto um sistema não puder passar do seu estado inicial para o seu estado final sem passar por uma disposição classicamente proibida, chamar-lhe-emos "tunelamento". A transferência de electrões de uma molécula para outra é um processo muito importante em biologia. Embora os primeiros bioquímicos tivessem tendência para pensar nas reacções de oxidação-redução em termos de troca de átomos de H ou O, é evidente que os citocromos e os centros ferro-enxofre, entre outras possibilidades, incluindo certas clorofilas, feofitinas e quinonas, recebem e transmitem electrões diretamente. Tanto na respiração como na fotossíntese, a ação primária da fonte de energia (combustão do substrato pelo oxigénio na respiração e absorção da luz pela clorofila ou pela bacterioclorofila na fotossíntese) consiste em deslocar os electrões numa cadeia de transporte de electrões constituída por essas moléculas de transferência de electrões. O sistema biológico extrai então energia deste transporte de electrões para fosforilar o ADP em ATP, ou para mover iões através das membranas. ATP significa trifosfato de adenosina, um ácido nucleico combinado com pirofosfato. A maioria dos processos celulares obtém a sua energia através da hidrólise de uma das ligações de pirofosfato para dar adenosina difosfato, ADP, e fosfato inorgânico. A fosforilação do ADP em ATP repõe o fornecimento de energia imediatamente disponível. As primeiras teorias sobre o mecanismo do transporte biológico de electrões incluíam a semicondução (Szent-Gyorgyi, 1941; Pullman & Pullman, 1963; Taylor, 1959; Rosenberg, 1965; Cope, 1965 a, *b)* e tentativas de encontrar vias através de cadeias de moléculas conjugadas e aromáticas (Winfield, 1965). Já em 1973, Dickerson e colaboradores (Takano *et al.* 1973) propuseram uma via para o eletrão através da parte proteica do citocromo *c* que envolvia o salto de uma cadeia lateral aromática para outra. Ver também Butler *et al.* (1975). Um estudo recente dos efeitos de semicondução induzidos numa proteína é relatado por Pethig & Szent-Gyorgyi (1977). Chance e Williams (1956) propuseram a rotação dos citocromos entre as transferências de electrões, de modo a que o hemo possa estar próximo do dador quando recebe o eletrão e próximo do aceitador quando o transmite. A descoberta de que as transferências de electrões podem, por vezes, ocorrer a temperaturas demasiado baixas para as reacções químicas normais, abriu novas perspectivas sobre o mecanismo das transferências biológicas de electrões. Calvin & Sogo (1957) observaram a produção de electrões desemparelhados em sistemas fotossintéticos expostos à luz a 133 K. Witt *et al.* (1960a, *b)* observaram transientes espectrais induzidos pela luz a 113 K em plantas verdes e algas. Embora a "troca de electrões" tenha sido sugerida como uma possibilidade entre outras, tal parece improvável tendo em conta a sua evidência de origem em estados tripletos e o conhecimento atual do destino dos estados tripletos na fotossíntese (Mathis, 1969; Witt & Wolff, 1970; Wolff, 1975; Monger, Cogdell & Parson, 1976; Kung & DeVault, 1976). Chance & Nishimura (1960) observaram claramente a oxidação do citocromo induzida pela luz na bactéria fotossintética *Chromatium vinosum* à temperatura do azoto líquido (77 K). Pouco depois, Arnold & Clayton (1960) observaram a oxidação da clorofila induzida pela luz em películas secas de cbromatóforos da bactéria fotossintética *Rhodopseudomonas sphaeroides* à temperatura do hélio líquido (4K). Witt, Miiller & Rumberg (1961) (Miiller & Witt, 1961) observaram a foto-oxidação de citocromos em cloroplastos de espinafre a 123 K. Chance & Bonner (1963) observaram a oxidação de citocromos induzida pela luz em folhas verdes a 77 K. O entendimento de que a transferência de electrões em sistemas biológicos envolve tunelamento quântico-mecânico, tal como já era concebido na física

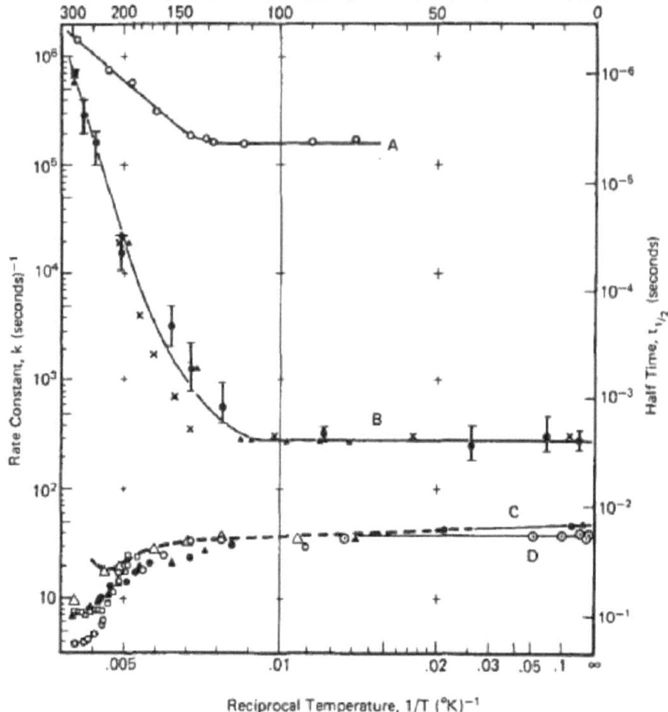

Fig. 1. Temperature-dependence of photosynthetic electron-transfers in bacteria. Curves A and B: photo-induced cytochrome oxidation. Curves C and D: reversed primary reaction: (A) *Rhodopseudomonas* sp. *N.W.*, data of Kihara & McCray (1973) taken from their fig. 6. (B) *Chromatium vinosum* (strain D). ●, Data of DeVault & Chance (1966) and DeVault *et al.* (1967), whole cells. ▲, Data of Dutton *et al.* (1971), subchromatophore preparation,

(A) *Histórico*

Três anos após a invenção da mecânica quântica moderna, em 1925, a ideia de tunelamento foi formulada e aplicada a (1) ao rearranjo intramolecular (inversão do NH3, etc.) por Hund (1927), (2) à emissão de electrões a partir de um campo de electrões de um elemento de um sistema de controlo.) por Hund (1927), (2) à emissão de campo de electrões de um átomo gasoso por Oppenheimer (1928), (3) à emissão térmica de electrões de filamentos quentes por Nordheim (1928), (4) à emissão de campo de electrões de metais por Fowler & Nordheim (1928), (5) à radioatividade de partículas alfa por Gurney & Condon (1928) e por Gamow (1928), e (6) à molécula de hidrogénio por Pauling (1928). No ano seguinte, Bourgin (1929) propôs um mecanismo de tunelamento para reacções unimoleculares, como a decomposição do N2O5. Nenhum destes autores utilizou a palavra "tunelamento", mas todos eles, com a possível exceção de Pauling, se preocuparam com o problema da penetração de uma partícula ou partículas numa barreira de energia potencial. Ver a Fig. 2 que provém do trabalho de Gamow. A probabilidade de a partícula penetrar na barreira da Fig. 2, se pequena em relação a 1, é:

$$P = i6EF(£+F)-2\exp(-2bV(2mF)/£), \tag{1}$$

onde h é a constante de Planck dividida por zn e m é a massa da partícula. Uma outra forma de exprimir esta probabilidade, utilizada por Oppenheimer (1928), por exemplo, é em termos de um elemento, *Hab,* da matriz Hamiltoniana quântico-mecânica que governa a taxa de transição de um estado inicial, *a*, do sistema para um estado final *b*. que tem sido chamada a "regra de ouro" da mecânica quântica, p é uma "densidade de estados", ou seja, o número de substratos qualificados como *b* por unidade de intervalo de energia.

Na equação (2), a "transição" pode ou não ser efectuada por tunelização.

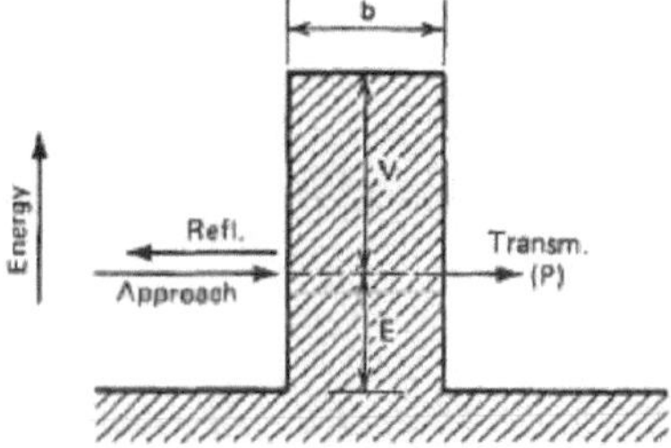

Fig. 2. Quantum-mechanical tunnel penetration of a barrier. A plot of potential energy *v.* distance for a symmetrical rectangular barrier. *E* is the kinetic energy of the approaching particle. *V* is the barrier height above the particle energy. *b* is the barrier width.

1. Tunelamento de Electrões em Processos Biológicos

Introdução

para a fosforilação em membranas intracelulares). Este mecanismo envolve o tunelamento de electrões acompanhado de alterações conformacionais do tipo relaxamento nas macromoléculas enzimáticas. O potencial de membrana pode ser considerado como um regulador deste processo. O tunelamento de electrões é o mecanismo mais importante de transferência de electrões entre os transportadores de electrões nas cadeias de transporte de electrões dos cloroplastos e das mitocôndrias. Os requisitos do equilíbrio energético são satisfeitos devido à excitação ou alteração das vibrações normais dos transportadores ou das moléculas no meio.

Teoria

três tipos.

(i) Os radicais livres ou os intermediários iónicos-radicais podem ser detectados em muitas reacções bioquímicas entre compostos moleculares simples. Isto significa que os actos primários destas reacções são essencialmente os de transferência de electrões. Em regra, a distância de migração dos electrões é bastante pequena.

(ii) Há razões para crer que, num grande número de processos enzimáticos, a migração de electrões ocorre no interior de uma macromolécula ou durante a formação do complexo de Michaelis. Neste caso, a distância de migração também é pequena. iii) No caso do transporte de electrões no sistema respiratório ou fotossintético

o eletrão migra através de uma estrutura rígida e comparativamente estável de um transportador de electrões para outro ao longo de dezenas de angstroms. Neste caso, T.B. I 1

2 L. A. BLUMENFELD E D. S. CHERNAVSKII estão a lidar com o tunelamento quase clássico. Apenas o terceiro caso será considerado aqui.

Os transportadores de electrões das partículas de transporte de electrões nas mitocôndrias são os grupos ferroporfirina dos citocromos, os grupos prostéticos das flavoproteínas, os iões ferrosos e férricos das proteínas não heme-ferrosas e os iões de cobre da citocromo oxidase. Nos cloroplastos das plantas verdes, os transportadores são grupos porfirínicos dos centros activos do sistema pigmentar, citocromos, centros activos da plastocianina, ferredoxina, etc. Os grupos prostéticos serão aqui considerados como poços potenciais e as camadas proteicas como barreiras potenciais. O transporte de electrões será tratado como uma transferência de electrões de um poço para outro. O conceito de transferência em túnel é explícito apenas na aproximação quase-clássica, ou seja, nos casos em que a barreira para a transferência de electrões é suficientemente elevada e depende fracamente da presença ou ausência do eletrão.[7] Neste caso, pode falar-se de localização de electrões, ou seja, considerar o estado localizado (num dos poços) do eletrão como estacionário e a presença de outro poço como perturbação. Também se podem utilizar conceitos como "o número de colisões por unidade de tempo" (do eletrão com a parede da barreira), a transparência da barreira, etc. A expressão bem conhecida

$$W = W_0\, e^{-(2L/\hbar)\sqrt{2m(U-E)}}, \tag{1}$$

aplicado à aproximação quase clássica da probabilidade de transferência. É importante notar que, no nosso caso, a probabilidade de transferência por unidade de tempo é bastante elevada. Para estimar esta probabilidade, utilizaremos as características quantitativas da cadeia de transporte de electrões: a largura da barreira, L, entre os portadores é aproximadamente IO-20 A; a energia da barreira é determinada pelas propriedades da camada proteica. Um valor razoável para (U-E) é 1-2 eV. Substituindo os valores na equação (1), temos Wz 10" para IO2 set- '. Os dados experimentais relativos ao transporte de electrões não contradizem estas estimativas. Comparando estas quantidades com a probabilidade de transferências por barreira,

$$W_{\mathrm{B}} = \frac{kT}{\hbar}\, e^{(U--E)/kT} \simeq 10^{-4}\text{--}10^{-20}\ \mathrm{sec}^{-1}, \tag{2}$$

Tunelamento de electrões

Esta objeção baseia-se, no entanto, num mal-entendido. A expressão (1) não tem em conta uma série de fenómenos e condições importantes: a localização adequada dos níveis electrónicos dos portadores vizinhos, o acoplamento dos electrões com as vibrações normais, etc. Quando estes efeitos são tidos em conta (Grigorov & Chernavskii, 1972), a dependência da temperatura pode ser facilmente explicada. Além disso, parece haver a possibilidade de controlar com precisão o transporte de electrões através de mudanças nas posições dos níveis. Consideremos as mudanças de estado de um eletrão induzidas pela sua transferência de um portador para outro. Em cada portador, este eletrão move-se num campo autoconsistente de núcleos e de outros electrões. Este campo é geralmente aproximado por um poço de potencial. Para a aproximação zero (negligenciando completamente as vibrações dos grupos atómicos e as mudanças conformacionais) pode-se tratar o poço como estável e considerar os níveis de energia de um eletrão adicional. Apenas os níveis de energia dos electrões no solo dos poços são importantes, uma vez que os níveis excitados estão, em regra, muito acima dos níveis no solo. Vamos supor que os níveis do poço da direita são mais baixos do que os do poço da esquerda e que a direção do transporte de electrões é da esquerda (L) para a direita (R). A expressão (1) não pode ser usada aqui porque é válida apenas nos casos em que o espetro do poço direito é contínuo. Se a diferença dos níveis AE = EL- ER for menor ou igual à divisão de ressonância,

$$\Delta E_r = E_L \exp\left[-\frac{L}{\hbar} \sqrt{2m(U-E)} \right], \qquad (3)$$

Discussão

pode ocorrer o tunelamento entre dois portadores. Em todos estes casos, a energia transferida para os graus de liberdade vibracionais dissipa-se. Quando o eletrão passa entre dois portadores com potenciais redox que diferem em 0,5 eV ou mais (e apenas esta diferença é necessária para que a energia libertada seja utilizada para a formação de ATP), o tunelamento pode parecer impossível. No entanto, convém lembrar que os valores dos potenciais redox se aplicam às energias do sistema no estado de equilíbrio. Simultaneamente, as configurações de equilíbrio de uma macromolécula portadora na presença de um eletrão (o centro ativo é reduzido) e na sua ausência (o centro ativo é oxidado) podem diferir bastante. A transição para uma nova conformação exigiria, neste caso, quer a superação de uma barreira de potencial elevado, quer alterações sucessivas de muitos ângulos de valência e comprimentos de ligação na macromolécula. O tempo necessário para esta mudança de conformação pode ser bastante longo e, de qualquer modo, pode exceder o tempo de tunelamento. Assim, após a transferência de electrões, uma grande parte da molécula aceitadora parece estar numa conformação quase estacionária fora do equilíbrio, que relaxa lentamente até atingir uma conformação de equilíbrio. Neste caso, a condição para o tunelamento não é a coincidência (com uma precisão de = 0,1 eV) dos níveis de electrões do dador reduzido e do aceitador reduzido nas suas conformações de equilíbrio, mas a presença de um nível virtual de electrões do aceitador adequadamente localizado na conformação "oxidada". A energia libertada durante o tunelamento dissipa-se, mas a energia libertada lentamente pela transferência por relaxação para um novo estado de equilíbrio pode ser utilizada para a formação de macroergias. (Para possíveis mecanismos deste processo, ver Chernavskaya, Chernavskii & Grigorov, 1970; Blumenfeld & Koltover, 1972). Assim, a molécula de um transportador, cujo relaxamento de conformação pode ser acompanhado por transformação de energia, pode existir nas seguintes formas estacionárias (ou quase-estacionárias) :

(i) A conformação de equilíbrio para um estado oxidado do centro ativo (sem electrões);

(ii) a mesma conformação que em (i), mas o centro ativo está reduzido (eletrão presente); esta forma é quase-estacionária;

(iii) A conformação de equilíbrio para o estado reduzido do centro ativo (presença de electrões);

(iv) a mesma conformação que em (iii) mas o centro ativo está oxidado (sem eletrão); esta forma é estacionária (se nos limitarmos à transferência de electrões entre dois portadores). Vamos discutir brevemente as possibilidades de regulação do tunelamento. Estas estão ligadas às condições de ressonância. Estas últimas podem ser corrigidas pelo potencial de membrana se a transferência se efetuar na membrana e se os portadores vizinhos estiverem a diferentes distâncias dos seus limites. É evidente (ver acima) que o tunelamento de electrões só pode ser realizado se o intervalo de energia entre o nível de electrões ocupados do dador e o nível virtual do aceitador não for superior a N 0-I eV. Por conseguinte, as alterações do potencial de membrana que podem levar a variações consideráveis deste valor podem ser de importância regulamentar.

2. Tunelamento de hidrogénio em biologia

Introdução

A transferência de hidrogénio é de grande importância geral para muitos processos em biologia, desde a transferência de protões através das membranas até às numerosas isomerizações funcionais de metabolitos intermediários e à transferência de equivalentes redutores entre substratos e cofactores. A crescente evidência de efeitos quânticos em processos de transferência de hidrogénio catalisados por enzimas leva a uma reavaliação e expansão do quadro concetual subjacente à catálise enzimática.

Teoria convencional

A maioria dos manuais e da literatura fundamental trata as reacções catalisadas por enzimas, incluindo a transferência de hidrogénio, em termos da teoria do estado de transição (TST) [1,Z]. A TST assume que a coordenada da reação pode ser descrita por um único mínimo de energia livre e um único máximo que define o poço do reagente e a barreira para a ativação, respetivamente (Figura 1). A distribuição dos estados entre o estado fundamental (GS, o mínimo) [X1, e o estado de transição (TS, no topo da barreira) [X8], é assumida como um processo de equilíbrio que pode ser estimado pela distribuição de Boltzmann:

$$[X^{\ddagger}] = [X]\exp\left(\frac{-\Delta G^{\ddagger}}{kT}\right) \qquad (1)$$

where $\Delta G^{\ddagger}$ is the free energy difference between GS and TS, T is the absolute temperature and k is the Boltzmann constant. Classical physics shows that a particle at the top of a barrier can go to product at a frequency (v) of about 6×10^{12} s^{-1} at 25°C. The reaction rate is given by:

$$\frac{-d[X]}{dt} = v[X^{\ddagger}] = v[X]\exp\left(\frac{-\Delta G^{\ddagger}}{kT}\right) \qquad (2)$$

This leads to the Arrhenius equation:

$$\ln(k) = \ln(A) - \frac{\Delta Ea}{RT} \qquad (3)$$

A cinética em estado estacionário ou mesmo a cinética em estado pré-estacionário não indicam normalmente quais as etapas microscópicas que estão a ser estudadas. Em muitos sistemas, é a formação ou decomposição da etapa do complexo reativo que tem o maior efeito na medição experimental. A utilização de efeitos isotópicos cinéticos (KIEs) é um dos métodos mais poderosos disponíveis para isolar as etapas de clivagem de ligações das etapas de ligação/libertação não isotópicas e das alterações conformacionais das proteínas [3]. Os KIEs são o rácio das taxas de reação para dois isótopos e reflectem o movimento de partículas de massa diferente ao longo da mesma superfície de potencial eletrónico. O KIE do hidrogénio é particularmente útil porque a razão de massa dos seus isótopos é muito maior do que a de qualquer outro elemento, resultando em KIEs relativamente grandes [4]

Teoria semiclássica e correção de tunelamento

Qual é a origem dos KIEs? Devido ao princípio da incerteza, o nível de energia mais baixo que uma partícula pode ocupar está sempre acima do mínimo potencial eletrónico (designado por energia do ponto zero, ZPE). Quanto mais pequena for a partícula, menos bem definida é a sua localização e mais elevada é a sua ZPE. Uma contribuição importante para os KIEs é a diferença entre as ZPEs de GS e TS entre os diferentes isótopos (Figura Za) [4]. Embora esta teoria semiclássica dos KIEs invoque uma correção à TST, ignora a incerteza na localização da partícula transferida ao longo da coordenada de reação próxima da TS. Este último fator pode ser estimado a partir do comprimento de onda de Broglie da partícula h = i2/(2m,!Q1/2, em que m é a massa da partícula e E é a sua energia. Este comprimento de onda para um hidrogénio com uma energia de 10 kJ/mol é assim calculado como sendo 0,5 r\ para 'H (prótio, H), 0,31 w para *H (deutério, D) e 0,25 A para H (trítio, T). À medida que a ligação que reage sobe a barreira de energia, atinge uma posição em que o comprimento de onda da sua partícula excede a largura da barreira. Neste ponto, o produto (P) pode ser formado sem ter atingido a energia da TS. Este efeito mecânico quântico é designado por tunelamento porque a partícula parece "escavar um túnel através da barreira" e o sistema nunca tem de atingir a TS. A Figura 2b demonstra como isto aumenta a velocidade de reação para H mais do que para D e T e, consequentemente, aumenta os KIEs. As teorias tradicionais que incluem este efeito nos seus cálculos de taxa e KIE adicionam uma correção à TST, e o formalismo mais utilizado é a correção de Bell para uma barreira parabólica [S].

Figure 2

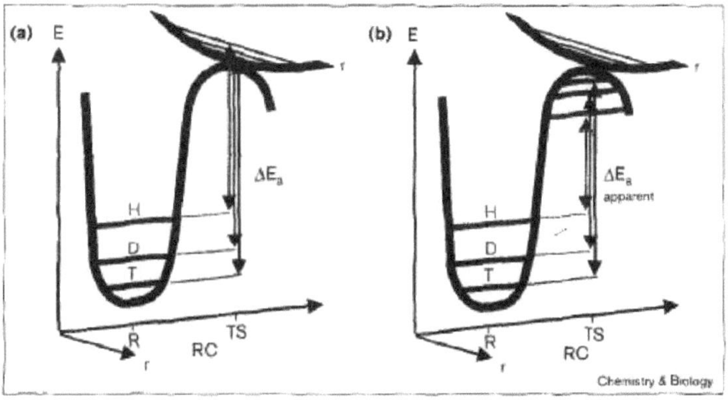

Tunelamento vibracionalmente reforçado

Foram feitos muitos avanços em química e biologia utilizando uma abordagem de tunelamento para corrigir a TST. No entanto, surgem frequentemente dados experimentais que não podem ser explicados por esta abordagem. Existem sistemas com uma grande energia de ativação (AEa) e grandes KIEs, mas sem dependência da temperatura dos KIEs, o que é inconsistente com a previsão apresentada na Figura 3 [13-151]. Noutros sistemas, foi indicado um tunelamento extensivo a partir de um MEa pequeno, pequenos valores de AEa e A,/A,>1, mas KIEs demasiado pequenos para serem explicados por tunelamento puro através de uma barreira rígida [16]. Nos últimos anos, foram desenvolvidas várias abordagens teóricas que tentam racionalizar estes dados [17-231]. De seguida, apresentamos um conceito que consideramos ter a aplicação mais geral a sistemas biologicamente importantes.

Dinâmica enzimática e tunelamento

Um estudo com a glicoproteína glucose oxidase (GO) deu a primeira indicação de uma correlação entre o grau de tunelização e a rigidez da proteína [40]. Foram estudadas diferentes glicofórmulas de GO para detetar a possibilidade de tunelamento na reação em que o hidrogénio anomérico em C-l da glucose é transferido para a flavina (Figura 7). Uma vez que não estão presentes hidrogénios secundários em C-l, a dependência da temperatura dos KIE foi estudada como uma sonda de tunelamento. Foi revelada uma correlação com três glicoformas da mesma cadeia polipeptídica em que o aumento da glicosilação teve influência na clivagem C-D. Verificou-se que o aumento da glicosilação diminui o efeito isotópico nos factores pré-exponenciais de Arrhenius (AD/Arr.) de valores superiores ao intervalo semiclássico para um valor inferior a este intervalo. Sugeriu-se que a adição de polissacáridos à superfície da enzima alterou a natureza da transferência de hidrogénio de uma região com tunelamento extenso para uma região com apenas uma contribuição moderada de tunelamento (Figura 3). Uma vez que o local de glicosilação mais próximo se encontra a 22 A do local ativo [41], o efeito é indireto e a glicosilação deve afetar a proteína de uma forma que é crítica para o aumento do tunelamento. Como discutido noutro local [40,42], há provas de que a glicosilação superficial das proteínas pode induzir rigidez [%I. De acordo com o modelo da Figura 5, o efeito dessa rigidez na redução das flutuações proteicas seria uma diminuição da probabilidade de tunelamento. Um exemplo ainda mais claro do efeito das flutuações térmicas sobre o tunelamento na catálise enzimática vem de um estudo recente de uma ADH termofílica da estirpe LLD-R de Buci~hs sfearothermophihs (ADH-hT) [lS]. A ADH-hT apresenta uma sequência considerável e homologia estrutural com as ADHs de levedura e de fígado de cavalo previamente caracterizadas.

Utilizando a metodologia competitiva descrita acima para a HLADH, os expoentes $(\ln(k_,/k_,)/\ln(k_,/k_{.,,}))$ foram medidos numa gama de temperaturas de S-65°C. Além disso, as taxas iniciais foram medidas com substrato protonado e deuterado no mesmo intervalo de temperatura. Os detalhes e resultados experimentais estão descritos noutro local [1.5] e aqui resumimos apenas as conclusões que são relevantes para a questão do papel da dinâmica no tunelamento. Para a ADH-hT, foi encontrada uma transição de fase mecanicista por volta dos 30°C. Acima desta temperatura, nomeadamente na gama de temperaturas fisiológicas da enzima, os expoentes relacionados com os secundários k_s/k e k_s/k, > 10 e os KIEs são maioritariamente independentes da temperatura (dentro do erro experimental), resultando num valor de A_s/A, superior à unidade. Todos estes dados são consistentes com uma contribuição significativa do tunelamento e do movimento acoplado para a transferência de hidretos. Em contraste, a uma temperatura mais baixa, os expoentes diminuem em direção ao limite semiclássico, os KIEs demonstram uma dependência muito mais acentuada da temperatura e A_s/A, torna-se muito menor do que a unidade. Aparentemente, a uma temperatura reduzida, o grau de tunelamento é suprimido e o sistema cai numa região de tunelamento moderado (ver Figura 3). Este sistema não pode ser entendido em termos de uma barreira rígida, com ou sem uma correção de tunelamento. Por outro lado, um modelo de tunelamento vibracionalmente reforçado explicará estes resultados. A vibração que promove o tunelamento é activada termicamente e a sua amplitude de flutuação diminui com a diminuição da temperatura. Em algum ponto abaixo da temperatura óptima para a ADH-hT, a excitação da vibração promotora de tunelamento é insuficiente e a probabilidade de aproximar suficientemente o dador e o aceitador torna-se muito baixa. Nestas condições, a taxa diminui e o comportamento do sistema torna-se mais clássico. Contrariamente às previsões dos estudos de tunelamento de hidrogénio de pequenas moléculas através de barreiras rígidas, a extensão do tunelamento com a ADH-hT é maior a temperaturas elevadas que correspondem ao seu intervalo de temperatura fisiologicamente ótimo.

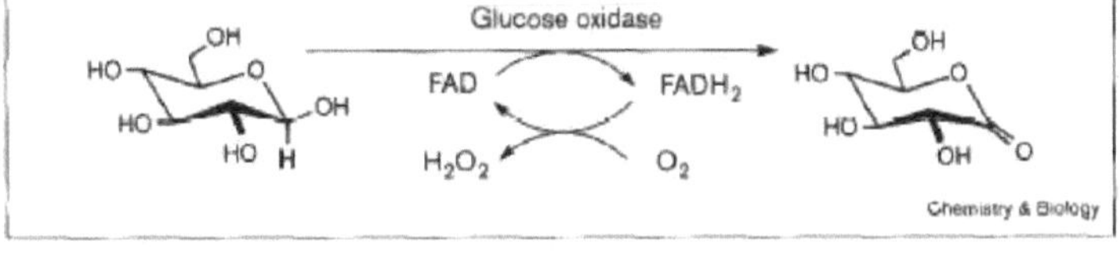

3. Tunelamento de protões e átomos de hidrogénio na catálise enzimática hidrolítica e redox

Introdução
Hidrogénio

O tunelamento de hidrogénio, o acoplamento entre os modos de tunelamento e o ambiente e a preparação da barreira flutuacional para o tunelamento de hidrogénio estão em foco e recebem formas analíticas precisas. São fornecidas constantes de velocidade específicas para três limites, ou seja, o limite totalmente diabático, o limite parcialmente adiabático e o limite totalmente adiabático. Todos estes limites são susceptíveis de representar sistemas reais de transferência de hidrogénio químicos ou biológicos. As constantes de velocidade referem-se particularmente à força motriz e à dependência da temperatura do efeito isotópico cinético (KIE). A origem destas correlações é diferente nos três limites. A origem destas correlações é diferente nos três limites, estando enraizada no fator de túnel e na fraca excitação dos isótopos mais pesados nos dois primeiros limites, dando um máximo para os processos termoneutros. Uma nova observação é que o limite adiabático também está de acordo com um máximo de KIE para processos termoneutros, mas o KIE reflecte-se aqui apenas nas diferenças de energia livre de Gibbs de ativação, neste caso enraizadas na dinâmica nuclear ambiental de baixa frequência. Três sistemas de tunelização biológica do hidrogénio, nomeadamente a lipoxigenase, a álcool desidrogenase de levedura e a amina oxigenase do soro bovino, oferecem novos casos invulgares para análise e foram analisados utilizando os quadros teóricos. Todos os sistemas apresentam grandes KIEs e fortes indícios de tunelização de hidrogénio. Representam também diferentes graus de preparação da barreira flutuacional, sendo a lipoxigenase o sistema mais rígido e a amina oxigenase do soro bovino o mais suave.

Carácter quântico

A ubiquidade e importância da transferência de protões (TP) como processo químico e biológico "elementar" só é igualada pela transferência de electrões (TE) (1, 2). A TP e a TE apresentam tanto semelhanças físicas estreitas como diferenças importantes.

A caraterística comum mais importante é que são transferidas partículas de luz, com um carácter mecânico quântico evidente (tunelamento). Ambas as partículas estão também fortemente acopladas aos ambientes. *As diferenças* residem no facto de os protões estarem muito mais fortemente localizados do que os electrões. Assim, o tunelamento dos protões ocorre apenas ao longo de uma fração de angstrom, ao passo que o ET pode ocorrer facilmente ao longo de dezenas de angstroms. A noção de *transferência de electrões* "a longa distância" está assim bem estabelecida (3-10), enquanto que as contrapartidas *da transferência de protões* são de natureza bastante diferente (1, 2). O tunelamento de protões em processos químicos foi reconhecido desde cedo (11-14). O ponto de vista da transferência química de protões como uma transição eletrónica-vibracional multifonónica da mecânica quântica foi introduzido pela primeira vez por Dogonadze, Kuznetsov e Levich (15, 16). A maioria das realizações posteriores da teoria mecânica quântica da transferência de protões baseia-se, de alguma forma, nos pontos de vista destes relatórios (17-21). O tunelamento de protões e átomos de hidrogénio e de hidretos em fase condensada está também abundantemente documentado experimentalmente (ver sínteses nas refs. 1 e 2). Juntamente com a ET, a PT química oferece assim casos para a observação do tunelamento nuclear à temperatura ambiente. Além disso, podem ser explorados os efeitos cinéticos dos isótopos de deutério e trítio, com perspectivas únicas de caraterização da barreira protónica e da dinâmica ambiental (1, 2). O tunelamento químico de protões, deuterões e tritões (hidrões em geral) tem sido estudado há várias décadas (22-26). O tunelamento de hidrões em sistemas *biológicos* é muito menos bem caracterizado, apesar de se conhecerem em pormenor as estruturas do sítio ativo como loci de PT na catálise enzimática. As razões prendem-se com a natureza multietápica dos processos enzimáticos, ou com a determinação de outros passos para além da transferência de hidrões. No entanto, foram recentemente relatados casos de tunelamento de átomos de hidrogénio bem caracterizados em processos enzimáticos, com grandes efeitos isotópicos cinéticos, em especial por Klinman e colaboradores (27-29). Abordaremos de seguida algumas questões relacionadas com estas novas observações. Na secção 2, apresentamos um formalismo para o tunelamento do hidrogénio, visto como uma transição eletrónica-vibracional de mecânica quântica multifonónica. Os novos elementos são o desemaranhamento das superfícies de potencial *eletrónico* e *eletrão-protão*, os efeitos cinéticos isotópicos em sistemas dador-acetor de protões com forte interação (o limite totalmente adiabático) e a preparação da barreira de protões ("gated"). Na Sect. 3, os resultados são relacionados com a relação de Br0nsted e os efeitos isotópicos cinéticos. A Secção 4 descreve uma nova abordagem conveniente para a preparação de barreiras flutuantes ("gating") a todas as temperaturas, importante na análise dos efeitos cinéticos dos isótopos de deutério e trítio. Na Secção 5, discutimos alguns dos casos recentes de grandes efeitos cinéticos do deutério e do isótopo de trítio em processos enzimáticos redox, acima referidos, utilizando os quadros teóricos das Secções 2-4. 2-4. As observações finais são apresentadas na secção 6.

esquemas de Born-Oppenheimer e de Franck
Princípio de Condon para o protão e o eletrão-protão
transferência

Um esquema generalizado de Born-Oppenheimer (B-O) e o princípio de Franck Condon (FC) aplicam-se à transferência de PT e de átomos de hidrogénio (transferência "combinada" de electrões e protões, ou ETPT). Numa primeira fase, a aproximação B-O "habitual" é explorada para separar o movimento eletrónico do movimento do protão e do movimento mais lento do solvente. Isto conduz à onda *eletrónica*

$\varphi_S^{el}(\vec{x}; R_p; \{q_k\})$ and *electronic* potential surfaces (S = R, P) $\varepsilon_S^{el}(R_p; \{q_k\})$. $\vec{x}$ represents the electronic coordinates. This step has an explicit perspective for hydrogen *atom* transfer (ETPT). In a *second* step the B–O approximation is used to separate the "fast" proton from the slower solvent or protein conformational motion. This step provides the *proton* wave functions, $\chi_{Su}^p(R_p; \{q_k\})$, and energies, $\varepsilon_{Su}^p(\{q_k\})$ (Sect. 2.3).

Together with the pure solvent potential (Gibbs free) energy, these constitute the *electronic–proton* potential surfaces, spanned solely by the solvent/protein coordinates. The electronic potential surfaces are spanned by *all* the (fast and slow) nuclear coordinates, but the electronic–proton surfaces only by the (slow) environmental coordinates. The slower environmental, collective coordinates thus cannot depend on the much faster local, even quantum mechanical, coordinates, such as has sometimes been advanced (35).

Fig. 1. Diabatic electronic–proton potential Gibbs free energy surfaces spanned by the classical environmental nuclear coordinate q, for different proton vibrational states in the reactants' and products' state.

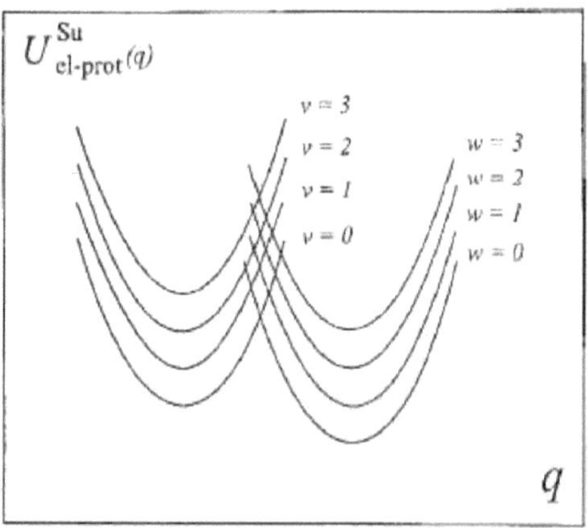

The generalization of the B–O approximation carries over to the Franck Condon (FC) principle. The FC principle states that light particle transition only occurs near heavy nuclear configurations where the light particle energies match, i.e., at the transition configuration. The proton vibrational energies match only when environmental nuclear coordinate *fluctuations* have been taken to their transition configuration $\{q_k^*\}$, i.e., $\varepsilon_{Rv}^{P}(\{q_k^*\}) = \varepsilon_{Pw}^{P}(\{q_k^*\})$. The *proton* subsequently initiates sub-barrier tunnelling where the *electronic* levels are brought to match at the crossing along the *electronic* potential surfaces, $U_{el}^{R}(R_p^*; \{q_k^*\}) = U_{el}^{P}(R_p^*; \{q_k^*\})$, where electronic structure reorganization occurs. The proton subsequently relaxes in the products' potential $U_{el}^{P}(R_p; \{q_k\})$, followed by relaxation of the heavy nuclear system.
k

Observações finais

As transferências de hidrogénio são basicamente transições de mecânica quântica. A dinâmica clássica do hidrogénio pode ser considerada quando as interacções dador-acetor são fortes e as barreiras de transferência de hidrogénio são pouco profundas, caso em que os efeitos estocásticos ambientais também se tornam aparentes (33). A transferência química e biológica de hidrões e hidretos está também fortemente associada a ambientes proteicos ou solventes, impondo um carácter multifónico ao processo. A transferência de *átomos* de hidrogénio (ETPT) não gera interacções electrostáticas de longo alcance, mas a reorganização do movimento de grupos locais de curto alcance pode ainda ser importante. O presente formalismo aborda tanto a PT como a ETPT como transições de mecânica quântica (túnel) fortemente acopladas ao ambiente. A dinâmica do hidrogénio é representada por potenciais harmónicos ou anarmónicos de alta frequência. O ambiente é um meio com resposta linear que pode, no entanto, ser vibracional ou espacialmente dispersivo (1, 2). As constantes de velocidade são derivadas para três limites de interação dador-acetor, a saber, os limites totalmente diabático, parcialmente adiabático e totalmente adiabático. A teoria foi especificamente referida a correlações observáveis, tais como a relação de Br0nsted e os efeitos cinéticos dos isótopos. Algumas noções e resultados já foram deduzidos anteriormente (1, 2, 15-21, 31-33). Um novo resultado é, em primeiro lugar, que as características de acoplamento entre os sistemas eletrónico, hidrónico e ambiental foram especificadas com precisão *nos* três limites (Apêndice). O acoplamento, tal como aparece, por exemplo, nas superfícies de potencial, foi reformulado em termos de média mecânica quântica no que diz respeito às partes do sistema eletrónico ou às partes do sistema eletrónico e do sistema hidrónico, sujeito à escolha de um conjunto de bases diabáticas ou adiabáticas. O segundo resultado novo é que a constante de velocidade foi combinada com uma nova abordagem da passagem conformacional para a transferência de hidrogénio. Este formalismo aplica-se a todas as temperaturas e estende-se ao tunelamento nuclear ao longo do modo de gating. Além disso, foi dada especial atenção ao limite totalmente adiabático

4. Efeitos Mecânicos Quânticos em Reacções com Hidrogénio

Introdução

Foi demonstrado num trabalho anterior* que a mecânica clássica não é adequada para tratar a transição de um átomo de hidrogénio ou de um protão através de uma barreira de energia das dimensões habitualmente encontradas nas reacções químicas. O tratamento dado baseou-se numa solução exacta da equação de Schrodinger e num tipo de curva de potencial sem descontinuidades no declive, mas, devido à natureza laboriosa dos cálculos envolvidos, não foi feita qualquer tentativa de investigar quantitativamente o efeito de variações no calor de ativação, na largura da barreira ou na massa da partícula. O presente trabalho descreve um tratamento aproximado que conduz a equações simples que podem ser aplicadas diretamente para investigar estes pontos. Num trabalho recente, W ignerth apresentou um método de tratamento aplicável a qualquer forma de curva de potencial. As suas equações finais são, no entanto, válidas apenas para o caso em que a diferença entre os resultados mecânicos quânticos e clássicos pode ser expressa como um pequeno termo de correção, e não podem ser aplicadas quando existem grandes desvios do comportamento clássico. As aproximações introduzidas no presente tratamento são de duas ordens. Em primeiro lugar, a curva de potencial contínuo é substituída por um segmento de parábola (curva A, fig. I a), de modo a que haja uma descontinuidade de declive na base da curva. Em segundo lugar, em vez de usar uma expressão para a permeabilidade G da barreira baseada numa solução exacta da equação de Schrodinger, colocámos G 1 para W > E, e usámos a expressão

$$G' = \exp - \frac{4\pi \sqrt{2m}}{h} \int_{x_1}^{x_2} \{V(x) - W\}^{\frac{1}{2}}\, dx \qquad (1)$$

A equação (1) baseia-se na solução aproximada de Jeffreys da equação de Schr6dinger* e é, portanto, incorrecta para pequenos valores positivos de E - W, enquanto que a hipótese de que G 1 quando W > E negligencia a "reflexão" parcial das partículas para pequenos valores positivos de W - E. O uso da barreira parabólica também pode dar resultados enganosos para valores muito pequenos de W, uma vez que há uma descontinuidade de declive em V (x) -- 0. O efeito destas aproximações é melhor visto através de cálculos reais.

Interpretação matemática

O quadro mostra claramente que, com a barreira de Eckart, os valores obtidos a partir da equação (1) não diferem muito dos valores exactos. Além disso, verifica-se que a barreira de Eckart e a barreira parabólica conduzem a resultados muito semelhantes. Assim, é bastante justificável utilizar o tratamento aproximado de uma barreira parabólica para prever o comportamento geral de tais sistemas, especialmente na ausência de conhecimento exato das dimensões ou da forma das barreiras reais. Deve, no entanto, sublinhar-se que uma curva potencial com descontinuidades de declive no topo (por exemplo, uma barreira retangular ou em forma de cunha) constitui, para o efeito, uma péssima aproximação ao tipo de curva realmente encontrado, e que a presença dessas descontinuidades aumenta muito a discrepância entre a equação (1) e a expressão exacta. Note-se que a equação (3) também representa a permeabilidade de uma barreira não simétrica composta por segmentos de duas parábolas de altura E e larguras a + p e a - p, em que p é qualquer comprimento inferior a a.

$$G' = \exp - \frac{2\pi^2 a \sqrt{2m}\,(E - W)}{h\,\sqrt{E}},$$

Para efeitos de aplicação destas equações a uma reação química, o sistema é considerado como um fluxo de partículas que se aproximam da barreira de um lado, correspondendo o aparecimento de uma partícula do outro lado da barreira à reação de uma molécula (ou moléculas). O número total de partículas que se aproximam da barreira numa unidade de tempo (No) dependerá de uma taxa de colisão ou de uma taxa de oscilação na molécula. No variará apenas lentamente com a temperatura, e será o mesmo nas imagens clássica e quântica do sistema. Para obter o número de partículas que atravessam a barreira (ou seja, o número de moléculas que reagem) por unidade de tempo, No deve ser multiplicado por um fator q, que é função da distribuição de energia entre as partículas e das propriedades da barreira, e é diferente nos tratamentos mecânico clássico e quântico do sistema. Como anteriormente, assumiremos que a distribuição de energia entre as partículas é dada por

$$\frac{d\mathrm{N}}{\mathrm{N}_0} = \frac{1}{k\mathrm{T}}\, e^{-\mathrm{W}/k\mathrm{T}}\, d\mathrm{W}.$$

Conclusão

Se uma mudança na configuração de um sistema de partículas for representada pelo movimento de um ponto de massa num diagrama de energia potencial, a massa deste ponto só pode ser identificada com a massa de uma das partículas se todas as outras partículas em causa puderem ser consideradas como tendo massas infinitas. Os cálculos acima apresentados aplicam-se estritamente a este caso limite, mas são aplicáveis sem grande erro a transições de núcleos de hidrogénio quando todos os outros núcleos em causa são mais de dez vezes mais pesados. Se a transição envolver o movimento simultâneo de partículas de massas comparáveis (como, por exemplo, na transformação do hidrogénio orto em para-hidrogénio), as transições já não podem ser representadas (do ponto de vista da mecânica quântica) pelo movimento de uma das partículas num campo potencial. O efeito da massa m sobre o valor de q é de especial interesse em relação à velocidade de reação dos isótopos, em particular dos isótopos de hidrogénio. Existem, naturalmente, dois outros factores que conduzem a diferenças nas velocidades de reação de dois isótopos. Em primeiro lugar, a diferença de massa provocará diferenças de velocidade translacional ou vibracional que conduzirão a um pequeno fator que favorecerá a reação do isótopo mais leve. Este fator é independente da temperatura e tem (para os dois isótopos de hidrogénio) um valor máximo de V2. Em segundo lugar, podem existir diferenças de energia de ponto zero nos estados inicial e ativado. Tal como Polanyif, isto pode favorecer a reação do isótopo leve ou pesado, de acordo com as magnitudes das energias de ponto zero nestes estados

5. Tunelamento de protões no ADN e suas implicações biológicas

Introdução

Hoje em dia, parece haver poucas dúvidas de que muitos dos processos bioquímicos fundamentais nos sistemas vivos estão diretamente relacionados com a transferência de electrões e protões. Uma vez que estas são partículas fundamentais que não obedecem às leis da física clássica, mas sim às leis da química quântica moderna, a estrutura eletrónica e protónica de moléculas e sistemas biologicamente interessantes tem de ser tratada pela química quântica. Este facto conduziu à abertura de um novo domínio que foi designado por biologia submolecular ou "biologia quântica". "Os princípios da mecânica quântica são de importância fundamental não só no tratamento do estado fundamental e dos estados excitados das moléculas de interesse biológico, mas também em relação aos problemas de armazenamento de energia e de transferência de energia, momento, massa e carga. Na sua palestra neste simpósio, o Professor Bernard Pullman' acaba de referir que a flexibilidade e a mobilidade extremamente elevada dos sistemas vivos parecem, em muitos casos, estar diretamente relacionadas com as propriedades dos "electrões móveis" dos sistemas conjugados que ocorrem como constituintes essenciais de muitas das moléculas biologicamente importantes. Os Pullman estão a tratar estes sistemas na chamada aproximação de Hiickel, e talvez deva ser enfatizado que esta abordagem altamente semi-empírica, que é geralmente considerada como uma forma aproximada e altamente aproximada do esquema Hartree-rock, pode ter um fundo ainda mais profundo em termos da teoria exacta do SCF discutida noutra sessão desta conferência. Vamos agora desviar o nosso interesse dos electrões para os protões e, em particular, para os protões que ocorrem nas ligações de hidrogénio entre os pares de bases no modelo Watson -Crick do ADN (ácido desoxirribonucleico), ou seja, a molécula gigante que se crê ser a substância hereditária essencial que transporta a informação genética na célula. De acordo com este modelo, o código genético está essencialmente contido nos arranjos das ligações de hidrogénio, e o objetivo desta nota é estudar quânticamente estas ligações e mostrar que, após uma replicação do ADN, os protões estão necessariamente em estados não estacionários, o que implica que existe uma certa probabilidade de "saltos quânticos" que levarão a alterações descontínuas do código que se manifestarão na próxima replicação do ADN. Este mecanismo pode ser responsável pela ocorrência de mutações espontâneas, pelo fenómeno do envelhecimento, considerado como uma perda de informação genética útil, e pela ocorrência espontânea de tumores (e cancro), como consequência de mutações somáticas dependentes dos efeitos acumulados de alterações do código numa determinada direção.

MODELO WATSON-CRICK DO ADN
Comecemos por considerar a prova experimental de que a informação genética nos organismos vivos é essencialmente transportada por moléculas gigantes. Através do seu trabalho em imunologia, GriKth conseguiu, em 1928, mostrar que as propriedades hereditárias dos pneumococos podiam ser transformadas por um composto químico que parecia transportar a mensagem genética. Em 1944,

Avery' e os seus colaboradores conseguiram identificar conclusivamente esta substância como sendo o ácido desoxirribonucleico (ADN - um dos ácidos nucleicos bem conhecidos do século passado. 4

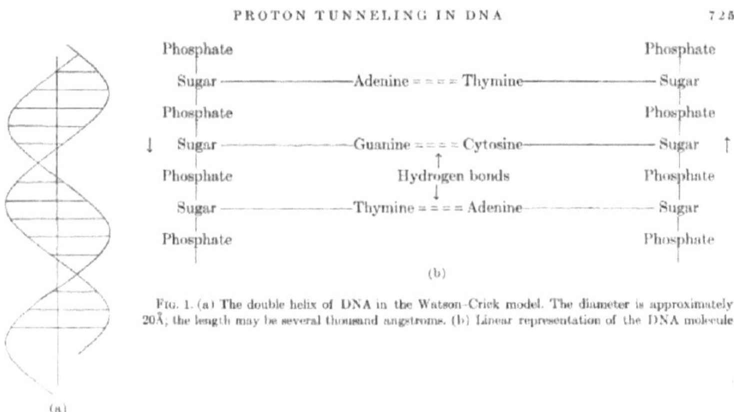

Fig. 1. (a) The double helix of DNA in the Watson-Crick model. The diameter is approximately 20Å; the length may be several thousand angstroms. (b) Linear representation of the DNA molecule

Sabia-se que estas moléculas eram polinucleótidos formados por quatro nucleótidos derivados das bases nucleotídicas adenina (A), timina (T), guanina (6) e citosina (C) por adição de açúcar pentose e grupos fosfato. Através de um trabalho cromatográfico, ChargaG' conseguiu demonstrar em 1950 que, no ADN, os teores molares das duas bases adenina e timina eram sempre iguais e que o mesmo acontecia com as duas bases guanina e citosina. Utilizando os dados de Wilkins' relativos aos raios X do ADN,

Watson e Crick' sugeriram em 1953 um modelo estereotipado em que o ADN consiste numa dupla hélice, em que as cadeias são cadeias de açúcar-fosfato unidas por pares de bases nucleotídicas mantidas juntas por ligações de hidrogénio. O emparelhamento das bases é ainda mais específico nas combinações A-T, G-C, de acordo com os dados de Charga6 , e cada base tem, portanto, uma base "complementar" específica (ver Figs. 1 e 2). A razão mais profunda para a complementaridade vem das possibilidades limitadas de formação de ligações de hidrogénio entre as bases envolvidas. Uma ligação de hidrogénio é aqui essencialmente um protão H partilhado entre dois pares de electrões: situados em átomos de oxigénio ou de azoto. O modelo implica que, se uma cadeia tem uma sequência de bases específica, por exemplo ATGACTG, a outra cadeia tem a sequência complementar TA.CTGAC, e acredita-se que uma destas sequências de quatro letras contém essencialmente o código genético. Antes da divisão celular, a molécula de ADN deve, de alguma forma, ser duplicada e, segundo Watson e Crick, a dupla hélice começa a desenrolar-se ao mesmo tempo que cada cadeia começa a construir o seu próprio complemento a partir do material nucleotídico existente no ambiente. Desta forma, obtêm-se dois ADN idênticos

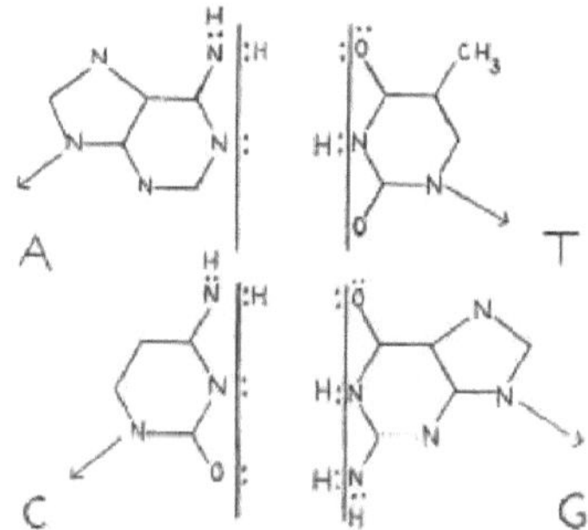

Fig. 2. The nucleotide bases occurring in DNA. The arrows indicate the bonds towards the sugar groups in the strands; the upper parts of the molecules form the bottom of the "deep groove" of the double helix.

NATUREZA DA LIGAÇÃO DE HIDROGÉNIO

Uma vez que o modelo Watson -Crick utiliza essencialmente a ligação de hidrogénio na definição da complementaridade entre as bases nucleotídicas, pode valer a pena estudar as propriedades desta ligação em mais pormenorizadamente. A experiência química demonstrou que um átomo de hidrogénio ligado a um átomo eletronegativo de uma molécula pode também ser atraído por outro átomo eletronegativo de uma molécula diferente, conduzindo assim a uma "ligação de hidrogénio" entre as duas moléculas. Por vezes, existe também uma ligação de hidrogénio interna entre dois átomos electronegativos da mesma molécula. Os átomos que formam as ligações de hidrogénio mais fortes são, por ordem decrescente de força, o flúor, o oxigénio e o azoto, enquanto que as ligações fracas são formadas pelo cloro e pelo carbono. As propriedades das ligações de hidrogénio foram estudadas experimentalmente de forma extensiva e, para uma análise, gostaríamos de remeter para Pimentel e McClellan" e para as actas" da conferência de 1957. For-muLação eletrónica de protões das ligações de hidrogénio. Para investigar as propriedades da ligação de hidrogénio, é necessário compreender a estrutura eletrónica dos átomos envolvidos. Um átomo de carbono num sistema conjugado, por exemplo um anel de benzeno, tem três híbridos 8p' no plano molecular formando ângulos de 120' entre si e uma orbital 2p, perpendicular ao plano, que oferece uma orbital ao sistema m=eletrão. Em cada ligação CH, existe um par de electrões e, se deixarmos cair o protão no núcleo de carbono, obtemos um núcleo de azoto com um par de electrões solitários num híbrido sp' apontando para o espaço. Este par solitário atrairá todos os protões (ou grupos positivos) na vizinhança, o que explica a tendência da piridina para tentar apanhar um protão e tornar-se um ião piridínio CeNHe+, ou seja, o seu carácter "base" (ver Fig. 3).

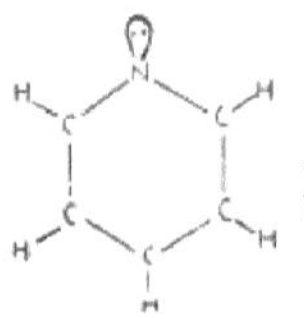

Fig. 3. Nitrogen atom in pyridine ring with an electron lone-pair in a sp^2 hybrid pointing out from the ring.

a formação das ligações de hidrogénio acima referidas. Neste tipo de formulação, uma ligação de hidrogénio é caracterizada como um protão partilhado entre dois pares de electrões solitários (ver Fig. 4). Numa ligação de hidrogénio, a atração de cada eletrão Fro. 4. Ligação de hidrogénio entre duas piridinas formada por pares solitários de dois electrões que competem para obter o mesmo protão. O par solitário de um protão é representado por um potencial de poço único profundo. Uma vez que a sobreposição de dois desses potenciais é normalmente um potencial de poço duplo com uma "protuberância" no meio, o protão tem classicamente duas posições de equilíbrio - uma perto de cada um dos dois pares de electrões envolvidos:

N:H ---:N N: ---H: N.

Se estas posições de equilíbrio são equivalentes, é de esperar que, sob certas condições, o protão possa saltar de uma posição para outra. Uma vez que este salto vai influenciar a neutralidade eléctrica bruta de todo o meio, pode induzir outros saltos de protões de modo a que o efeito final seja um fenómeno coletivo. Este processo no cristal de gelo foi estudado por Pauling, "e ele mostra que tem consequências importantes para a entropia residual do gelo. Na física clássica, este "salto de protões" só terá lugar se a energia de ativação necessária estiver disponível. Na mecânica quântica, a situação é um pouco diferente, uma vez que o protão é um "pacote de ondas" que pode penetrar mesmo em regiões proibidas para uma partícula clássica. Já o primeiro estudo do oscilador harmónico na teoria moderna mostrou que a função de onda podia ser essencialmente diferente de zero, mesmo fora dos "pontos de viragem" clássicos (ver Fig. 5). Isto conduz ao famoso "efeito TuneL" da mecânica quântica, que depende do facto de as quantidades de energia cinética e de energia potencial não serem simultaneamente mensuráveis. O fenómeno implica que, se a curva de energia potencial mostrar dois intervalos classicamente permitidos separados por uma região proibida, um par quântico-mecânico pode ser medido.

Fig. 4. Hydrogen bond between two pyridines formed by two-electron lone-pairs competing to get the same proton.

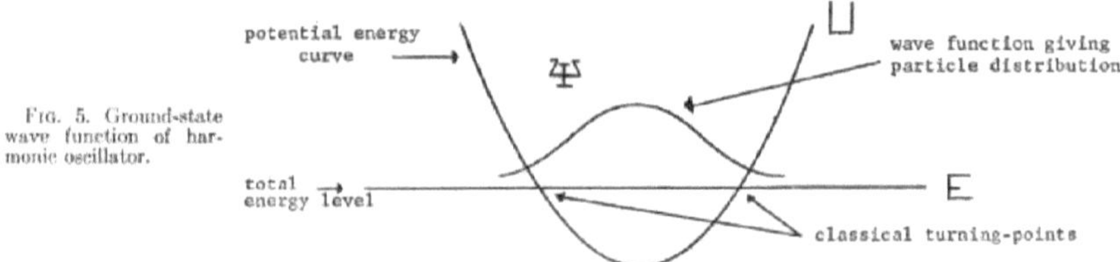

Fig. 5. Ground-state wave function of harmonic oscillator.

Se o potencial de poço duplo for simétrico, as funções de onda quântico-mecânicas para os estados estacionários são necessariamente "gerade" ou "ungerade", o que corresponde a uma distribuição 50-50 do protão em ambas as posições. Por outro lado, se o protão estiver inicialmente localizado num dos poços de potencial, o sistema encontra-se num estado não estacionário e o protão oscilará entre as duas posições clássicas de equilíbrio com uma frequência determinada pela diferença de energia entre o estado "ungerade" e o estado "gerade" dividida pela constante de Planck h. Para um potencial assimétrico, as componentes da

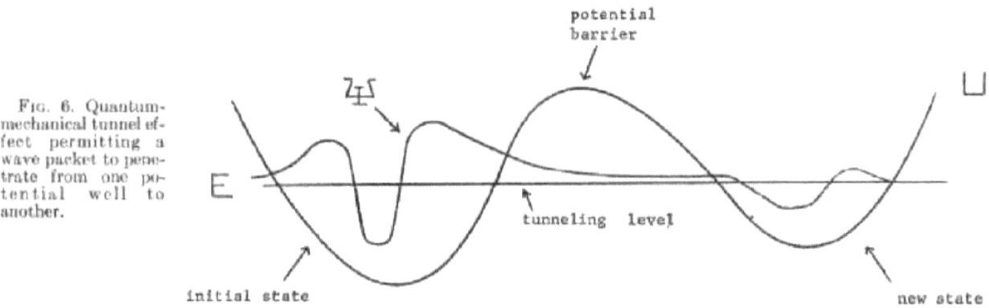

Fig. 6. Quantum-mechanical tunnel effect permitting a wave packet to penetrate from one potential well to another.

O pacote de ondas protónicas original associado aos níveis de energia mais baixos do poço mais profundo permanecerá comparativamente estacionário, enquanto os componentes associados aos níveis de energia acima do fundo do outro poço penetrarão mais facilmente na barreira e começarão a oscilar. A análise do pacote de ondas original do protão envolve um interessante problema de fase e, uma vez que a distribuição de energia depende da temperatura, todo o fenómeno depende também da temperatura. Hoje em dia, a existência do potencial de duplo poço está bem estabelecida e, para muitos compostos que envolvem nitrogénios, as frequências de tunelamento são da ordem dos 10 "segundos". A literatura teórica é rica e os resultados parecem estar de acordo com a experiência. ""

O tunelamento de protões pode, finalmente, ser importante para a ocorrência de tumores espontâneos. O crescimento de um indivíduo é um equilíbrio altamente refinado entre factores que aumentam a duplicação celular e outros factores que limitam essa duplicação, de modo a que o organismo assuma uma forma específica. Todo o processo é estimulado e controlado por várias enzimas, e existe um feedback do ambiente sobre o qual sabemos, atualmente, muito pouco. Se houver uma mutação somática, ou seja, uma alteração do código genético numa molécula de ADN no corpo de um organismo, a alteração pode influenciar a síntese proteica e o equilíbrio entre as acções das enzimas de reforço e de controlo no ciclo de crescimento. De facto, o novo código genético pode levar ao desenvolvimento de um "novo indivíduo" dentro do indivíduo, ou seja, um tumor.

Uma vez que as mutações somáticas espontâneas dependem aparentemente do mesmo "efeito túnel" quântico-mecânico que o processo de envelhecimento, deveria haver uma correlação clara entre a idade e a ocorrência de tumores espontâneos. Isto explica o facto experimental de que parece haver uma probabilidade crescente de ocorrência de tumores espontâneos com o aumento da idade. Se o envelhecimento pode ser descrito como o resultado da acumulação de erros protónicos, a ocorrência de tumores pode depender do facto de a acumulação ter ultrapassado um certo limite numa determinada direção.

É evidente que nem todos os tipos de tumores têm de ser malignos. No entanto, se o equilíbrio entre as enzimas que aumentam a replicação do ADN e a duplicação celular e as enzimas que controlam este processo for perturbado a favor das primeiras, pode desenvolver-se um tumor maligno. O cancro será aqui descrito como o crescimento de células anormais no organismo vivo que têm uma taxa de metabolismo mais elevada do que as células normais e que, por isso, podem tomar conta do material normal em grandes áreas do organismo e formar tumores malignos. Na hipótese de delecção, o cancro é essencialmente causado pelo facto de as enzimas que controlam o crescimento serem deleccionadas. Isto significa que, se a molécula de ADN perder a sua capacidade de regular a síntese destas enzimas específicas, através de um túnel de protões, se desenvolverá um cancro espontâneo.

6. Efeitos isotópicos dependentes da temperatura na lipoxigenase-1 de soja: Correlação entre o túnel de hidrogénio e a dinâmica da proteína

Introdução

A transferência de átomos de hidrogénio na lipoxigenase-1 de soja (SLO) apresenta um grande efeito isotópico cinético no kcat (KIE) 81) perto da temperatura ambiente e uma dependência muito fraca da temperatura (Eact) 2,1 kcal/mol). Estas propriedades são consistentes com a transferência Ha que ocorre inteiramente por um evento de tunelamento. Foram preparados mutantes de SLO, e a dependência da temperatura do KIE foi medida, para testar alterações no comportamento de tunelamento. Todos os mutantes estudados exibem KIEs de magnitude semelhante e grande a 30 °C, apesar de uma mudança de até 3 ordens de magnitude no kcat. O Eact para dois dos mutantes (Leu754 f Ala, Leu546 f Ala) é maior do que para o tipo selvagem (WT), e o KIE torna-se ligeiramente mais dependente da temperatura. Em contrapartida, Ile553 f Ala apresenta parâmetros kcat e Eact semelhantes aos da lipoxigenase-1 de soja de tipo selvagem (WT-SLO) para o substrato prociado; no entanto, o KIE é acentuadamente dependente da temperatura. O comportamento dos dois primeiros mutantes poderia refletir o aumento das energias de reorganização (*i*), mas o comportamento do último mutante é inconsistente com esta descrição. Invocámos um modelo completo de tunelamento Ha (Kuznetsov, A. M.; Ulstrup, J. Can. J.

Chem. **1999**, 77, 1085-1096) para explicar a dependência da temperatura do KIE, que é indicativa da medida em que a amostragem da distância (gating) modula a transferência de hidrogénio. O WT-SLO apresenta um Eact muito pequeno e um KIE quase independente da temperatura, que foi modelado como resultante de uma distância de transferência de hidrogénio comprimida com pouca modulação da distância de transferência de hidrogénio. As observações sobre os mutantes Leu754 f Ala e Leu546 f Ala foram modeladas como resultantes de um sítio ativo ligeiramente menos comprimido com maior modulação da distância de transferência de hidrogénio pela dinâmica ambiental. Por fim, o comportamento observado do mutante Ile553 f Ala indica um sítio ativo relaxado com um envolvimento extensivo de gating para facilitar a transferência de hidrogénio. Concluímos que a WT-SLO tem uma estrutura de sítio ativo bem organizada para suportar a transferência de hidrogénio e que as mutações perturbam os elementos estruturais que suportam a transferência de hidrogénio.

Alterações modestas nos resíduos do sítio ativo aumentam *i* e/ou aumentam a distância de transferência de hidrogénio, afectando assim a probabilidade de ocorrência de tunelamento. Estes estudos permitem a deteção e a caraterização de um modo de catálise de proteínas.

Processo

A SLO catalisa a produção de hidroperóxidos de ácidos gordos em posições 1,4-pentadienilo e o produto 13-(S)-hidroperoxi - ácido 9,11-(Z,E)-octadecadienóico (13-(S)-HPOD) é formado a partir do substrato fisiológico ácido linoleico (ácido 9,12-(Z,Z)- octadecadienóico) (LA). Esta reação ocorre através de uma abstração inicial e limitadora da velocidade do átomo de hidrogénio *pro-S'* (Ha) do C-11 do LA pelo cofator Fe^{3+}-OH, formando um intermediário radicalar derivado do substrato e Fe^{2+}-OH_2. O oxigénio molecular reage rapidamente com este radical, acabando por formar 13-(S)-HPOD e regenerar a enzima em repouso. A taxa de catálise em estado estacionário5 (kcat) apresenta propriedades semelhantes às das experiências de rotação única17, em apoio da etapa de abstração de Ha que limita ambas as medições. Experiências anteriores excluíram potenciais complicações, como os efeitos do campo magnético19 ou a ramificação da reação, 14 como origem do grande efeito isotópico cinético na kcat (KIE). A soma dos dados é consistente com o KIE medido que reflecte um KIE intrínseco para uma única etapa química. O turnover do SLO apresenta uma fraca dependência da temperatura (Eact) 2,2 kcal/ mol), um pequeno prefactor de Arrhenius (AH < 105 s-1) e um grande KIE no kcat (Dkcat) 81).18 Além disso, o KIE é quase independente da temperatura, levando a um grande efeito isotópico no prefactor de Arrhenius, *AH/AD* . 1,17,18 Cada um destes parâmetros para SLO, Dkcat, Eact e *AH/AD* é inconsistente com a visão da teoria do estado de transição (TST) da catálise. A energia de ativação é tão baixa que não faz sentido num modelo TST simples, o que implica que praticamente toda a aceleração da velocidade desta clivagem da ligação C-H é de origem entrópica, e tanto o KIE como o *AH/AD* excedem em muito as previsões clássicas. Além disso, AH é reduzido a partir da previsão TST de ATST) 1013 s-1, sugerindo que a reação pode ser descrita como não adiabática.20,21 Muitos trabalhadores demonstraram que o comportamento não clássico de KIE, como *AH/AD* * 1, KIEs grandes ou desvios da relação Swain-Schaad das previsões clássicas,8,12 reflecte diferentes graus de tunelamento de hidrogénio.2,6,12,22,23 Neste contexto, o tunelamento de hidrogénio num ambiente estático foi invocado para explicar as propriedades da SLO.14 No entanto, esta abordagem não é satisfatória, uma vez que um modelo simples de tunelamento estático prevê24 um KIE enorme (cerca de 103) e um Eact) 0. Vários grupos teóricos propuseram modelos para a transferência de hidrogénio-isótopo que partem da premissa razoável de que as transferências de hidrogénio são eventos totalmente quântico-mecânicos (tunelamento H/D/T) que são modulados pelo ambiente.10,11,13,25 Esta abordagem trata a transferência de hidrogénio como sendo totalmente não clássica, em contraste com os modelos de correção do túnel que conduzem a um comportamento parcialmente não clássico. O acoplamento ambiental conduz ao comportamento do tipo Arrhenius observado nas transferências de hidrogénio, através de uma energia de ativação do tipo Marcus e de uma vibração ambiental (gating) que modula a distância de transferência Ha. O termo de Marcus reflecte a ativação térmica devido a flutuações na coordenada ambiental, como na teoria da transferência de electrões, conduzindo a taxas do tipo Arrhenius (ln k μ $1/T$) mas a KIEs que são quase independentes da temperatura. O Gating introduz um fator adicional dependente da temperatura nas taxas, modulando a distância para a transferência de hidrogénio. Assim, a dependência da temperatura do KIE reflectirá a contribuição relativa da energia de reorganização e do gating para a coordenada de reação. Trata-se de um desvio significativo em relação aos modelos de reação clássicos que ignoram o acoplamento da dinâmica à coordenada de clivagem da ligação. A SLO é uma enzima ideal para testar a aplicabilidade deste modelo de transferência de hidrogénio modulado pelo ambiente. As suas propriedades cinéticas são tão diferentes das previstas pelos modelos clássicos que é necessário um modelo de tunelamento completo. Neste artigo, descrevemos a utilização de mutagénese dirigida ao local em que cada um de vários resíduos volumosos e hidrofóbicos no local ativo da SLO foi substituído por alanina. O efeito deste volume reduzido na modulação ambiental do tunelamento Ha foi sondado por medições KIE a temperaturas variáveis. A lipoxigenase-1 de soja de tipo selvagem (WT-SLO) apresenta KIEs quase independentes da temperatura e um pequeno Eact, consistente com uma coordenada de reação que é predominantemente controlada pela energia de reorganização ambiental. Observam-se KIEs moderadamente dependentes da temperatura e um aumento da Eact para as mutações pontuais mais próximas do Fe3+- OH, Leu546 f Ala e Leu754 f Ala. Estas observações são atribuídas principalmente a um aumento da energia de reorganização ambiental que controla o tunelamento através do Marcus-term, com uma contribuição moderada do gating para a coordenada de reação. A mutação de uma posição mais distal, Ile553 f Ala, produz o curioso comportamento de que a transferência Ha não é alterada, enquanto o KIE se torna muito dependente da temperatura. Estas observações requerem que o termo de gating termicamente ativo contribua extensivamente para a coordenada de reação, modulando a distância de transferência e a probabilidade de tunelamento de Da.3,10,11,13 Esta análise permite a separação da "dinâmica passiva", parametrizada pelo termo de reorganização ambiental (i), da "dinâmica ativa", que modula a barreira de tunelamento do hidrogénio. É importante salientar que os resultados aqui descritos conduzem a um novo formalismo para a interpretação da dependência da temperatura dos efeitos isotópicos nas transferências de Ha catalisadas por enzimas

$$\text{F.C. term}_{0,0} = (\exp^{-m_H\omega_H\Delta r^2/2\hbar}) \qquad (2a)$$

$$\text{F.C. term}_{0,0} = \int_0^{r_0} (\exp^{-m_H\omega_H\Delta r^2/2\hbar}) \exp^{-\hbar\omega_X X^2/2RT} dX \qquad (2b)$$

[a] Data were collected between 5 and 50 °C. [b] The rate constants (k_{cat} and k_{cat}/K_M using $^1H_{31}$-LA) are reported for 30 °C. [c] KIE = $^D k_{cat}$ = $k_{cat}H/k_{cat}D$. [d] This is the isotope effect on E_{act}. $\Delta E_{act} = E_{act}D - E_{act}H$. [e] Rickert, K. W.; Klinman, J. P. *Biochemistry* 1999, 38, 12218−12228.

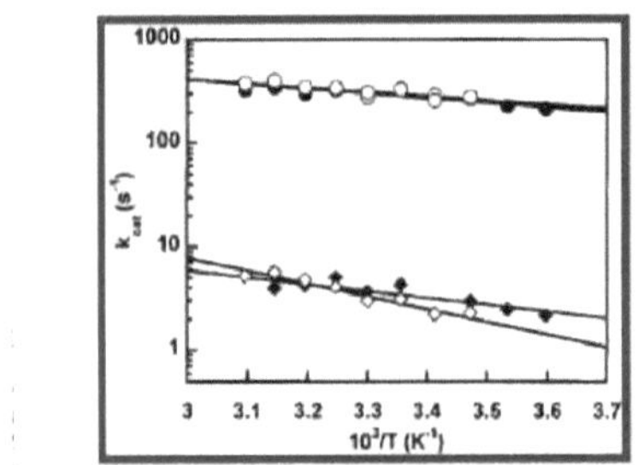

Figure 1. Arrhenius plot of kinetic data for WT-SLO (filled symbols) and Ile[553] → Ala (open symbols) using protio-linoleic acid (circles) and deutero-linoleic acid (diamonds). The data for points for WT-SLO and Ile[553] → Ala using protio-linoleic acid (circles) are superimposed between $10^3/T$ = 3.2, 3.5; therefore, the filled circles are not visible. Nonlinear fits to the Arrhenius equation are shown as solid lines, error bars are obscured by the symbols.

Scheme 1. Chemical Reaction of Soybean Lipoxygenase-1

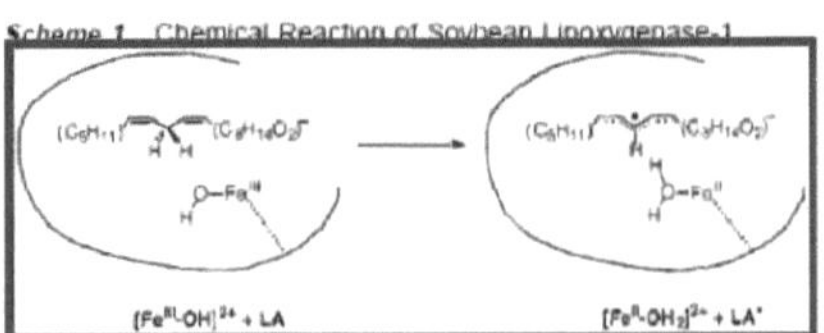

Scheme 2. Calculated O−H Bond Strength in Reduced Soybean Lipoxygenase-1

Fe^{3+}-OH (aq) + H$^+$ (aq) + e$^-$ ⟶ Fe^{2+}-OH$_2$ (aq)		
1/2 H$_2$ (g) ⟶ H$^+$ (aq) + e$^-$	$E^\circ_{1/2}$ = 1.07 (0.1) V[a]	
H· (aq) ⟶ H· (g)		
H· (g) ⟶ 1/2 H$_2$ (g)	C = -57 (2) kcal/mol[b]	
Fe^{3+}-OH (aq) + H· (aq) ⟶ Fe^{2+}-OH$_2$ (aq)	ΔH° = -82 kcal/mol	

[a] The standard reduction potential for SLO (at pH = 0) is $E^\circ_{1/2}$ = 0.6 (0.1) + 0.059 × 8 = 1.07 (0.1) V. This results in a calculated ΔG° = $-nFE^\circ$ = −24.7 kcal/mol [b] C = ΔH°{H· (aq) → H· (g)} + ΔH°{H· (g) → 1/2 H$_2$ (g)} − 1/2 TS°{H$_2$ (g)}. The constant C was taken from ref 33

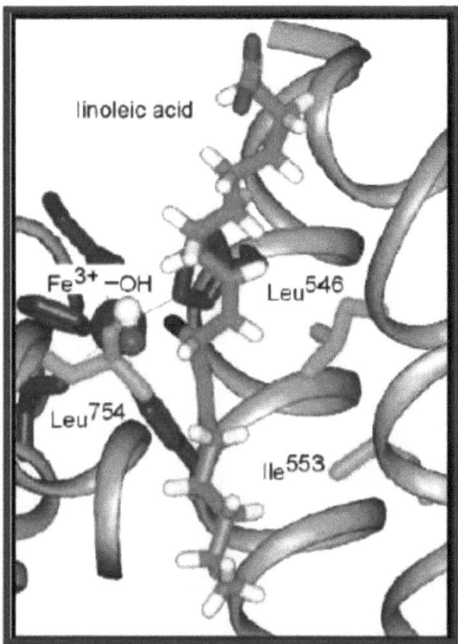

Figure 4. Model of linoleic acid in the crystal structure of SLO. Fe^{3+} and its protein-derived ligands (indigo); the hydroxo-ligand (red/white); LA (green/red/white), with the pro-S hydrogen (black) of C-11; and Leu^{546}, Leu^{754}, and Ile^{553} (cyan) are illustrated.

As mutações afectam a transferência de hidrogénio

Muitos resíduos volumosos e alifáticos compõem a bolsa de ligação ao substrato da SLO.36 Os três resíduos que são o foco deste estudo, Leu546, Leu754 e Ile553, estão próximos do Fe do sítio ativo (Figura 4). A modelação do LA na bolsa de ligação indica que o Leu546 e o Leu754 se encontram a 6 A do Fe3+-OH e estão próximos do C-11 reativo do LA. O Ile553 está mais afastado do Fe3+-OH, a 9 A, mas continua a fazer parte da cavidade de ligação ao substrato. Cada um destes resíduos fornece uma grande superfície para interagir com o substrato ligado, particularmente Leu546 e Leu754. A mutação de uma grande cadeia lateral de Ile ou Leu para uma cadeia lateral de Ala abre espaço dentro da bolsa de ligação da SLO, levando a uma cinética de transferência Ha alterada. O mutante Leu546 f Ala diminui o kcat em 60 vezes em relação ao WT, enquanto o Leu754 f Ala diminui *o* kcat em 1000 vezes, indicando que esses resíduos hidrofóbicos contribuem significativamente para a catálise. As taxas reduzidas destes mutantes são atribuídas a movimentos alterados dos átomos pesados (cf. Quadro 2 e

Discussão abaixo) que conduzem a energias de ativação aumentadas (Quadro 1). É possível apresentar argumentos análogos aos utilizados na discussão da estabilização do estado de transição que relacionam as alterações na taxa com as alterações na energia livre de ativação. Para *kcat/KM*, a alteração na energia livre para converter a enzima e o substrato livres na configuração reactiva pode ser comparada para WT-SLO e os três mutantes de SLO (eq 3).37

$$\Delta\Delta G^{\ddagger} = -RT \ln \frac{(k_{cat}/K_M)_{mutant}}{(k_{cat}/K_M)_{WT}} \qquad (3)$$

Tunelamento de hidrogénio modulado ambientalmente.

O modelo de transferência de electrões (TE) de Marcus30 considera a coordenada ambiental e a energia livre de ativação resultante da sua força motriz (0 G °) e da sua energia de reorganização (*i*), como dominantes na determinação da taxa de TEs. No modelo de Marcus, a partícula quântica (e-) faz túneis quando as flutuações ambientais permitem que os núcleos pesados atinjam a configuração reactiva. É a probabilidade de atingir esta configuração reactiva, e não a taxa de tunelamento de e-, que domina a taxa de reação, e a superfície de energia potencial relevante para uma reação de transferência de electrões é a superfície ambiental. Vários trabalhadores formularam as reacções de transferência de hidrogénio de uma forma que se assemelha10,25,32 ao modelo ET de Marcus, com as expressões de taxa resultantes a mostrarem uma dependência de *0G°*, *i*, e a sobreposição nuclear ao longo da coordenada de hidrogénio. Kuznetsov e Ulstrup13 formularam as reacções de transferência de hidrogénio a partir de uma abordagem analítica semelhante ao tratamento de Jortner das reacções não adiabáticas.38 Este modelo de transferência de átomos tem as suas origens no modelo anterior39 de Dogonadze, Kuznetsov e Levich, que foi resumido numa revisão recente.40 Esta abordagem baseia-se na separação das coordenadas quânticas mais rápidas (e- e H) da coordenada ambiental mais lenta. Muitas propriedades bem caracterizadas das transferências de hidrogénio, tais como uma região invertida na dependência da energia livre da taxa de transferência, bem como uma dependência da energia livre para o KIE, decorrem deste modelo Marcuslike.40 Na ausência de gating, este modelo prevê Eact semelhantes para a transferência de Ha e Da, de tal forma que o KIE resultante depende apenas ligeiramente da temperatura, produzindo rácios elevados do prefactor de Arrhenius (*AH/AD* . 1). Um fator determinante da taxa de tunelização do hidrogénio é a distância da transferência de hidrogénio, com o efeito isotópico a refletir a maior dependência da distância da tunelização do deutério do que da tunelização do prótio. Neste contexto, espera-se que as taxas de transferência de hidrogénio sejam sensíveis a qualquer modulação da distância de transferência que crie uma barreira dinâmica de tunelização. Assim, existem dois tipos de oscilações ambientais que modulam a transferência de hidrogénio: flutuações que conduzem à configuração reactiva ao longo da coordenada ambiental e flutuações que modulam a distância da transferência de Ha. Essas flutuações ao longo da coordenada ambiental são parametrizadas por *i* e podem ser consideradas como "dinâmicas passivas", no sentido em que não modulam ativamente a probabilidade de tunelamento do hidrogénio; em vez disso, controlam a probabilidade de atingir uma configuração a partir da qual o tunelamento é possível. A modulação da distância de transferência por gating tem o efeito de associar a dinâmica ambiental à transferência de hidrogénio e pode ser considerada como "dinâmica ativa". O efeito desta dinâmica ativa nos efeitos isotópicos foi explorado através de simulações.

7. Efeito isotópico no tunelamento molecular

Introdução

O tunelamento quântico-mecânico, introduzido por Hund em 1927 para explicar rearranjos intramoleculares, 1 foi observado em sistemas que vão desde núcleos a biomoléculas.2'3 O coeficiente de velocidade k para o tunelamento através de uma barreira de altura H pode ser escrito como

$$k = A \, \exp\left\{-\gamma \left[2M(H-E)\right]^{1/2} l/\hbar\right\}, \qquad (1)$$

onde y é uma constante de ordem unitária, M a massa de tunelamento, E a energia de excitação do estado inicial e I a largura da barreira correspondente, como se mostra na Fig. 1(a).4 A pré-exponencial A torna-se independente da temperatura abaixo de uma determinada temperatura. O tunelamento é caracterizado por esta independência da temperatura e por uma dependência exponencial da massa. Em contraste, o processo clássico de ultrapassar a barreira tem uma dependência da temperatura de Arrhenius e uma pequena dependência da massa. Em trabalhos anteriores, descobrimos que a ligação do monóxido de carbono (CO) às proteínas heme é essencialmente independente da temperatura abaixo de cerca de 10 K e, consequentemente, mais facilmente explicada pelo tunelamento intramolecular.5""7 Confirmamos o tunelamento mostrando que a taxa de ligação também apresenta um efeito de massa pronunciado. Estudamos a ligação do CO à mioglobina (Mb) por fotólise instantânea. A Mb é uma proteína globular com um diâmetro de cerca de 4 nm e um peso molecular de 17,2 kDa. O heme, uma molécula orgânica com um átomo de ferro central, está incorporado na proteína numa bolsa. O CO liga-se covalentemente ao ferro [estado A na Fig. 1(b)]; o heme é planar e o ferro encontra-se no plano do heme. A ligação entre o Fe e o CO pode ser quebrada pela luz; após a fotodissociação, o grupo heme dobra-se e o ferro desloca-se para fora do plano médio do heme [estado B na Fig. 1(c)]. O CO acaba por se ligar novamente e o sistema regressa ao estado A. Três resultados dos nossos estudos anteriores8'9 são essenciais para o presente trabalho: (i) Abaixo de cerca de 160 K, o CO não deixa a bolsa após a fotodissociação, mas liga-se diretamente a partir do estado B. (ii) A baixas temperaturas, as transições B - A não são exponenciais no tempo, mas devem ser descritas por uma distribuição de coeficientes de taxa. Interpretamos este comportamento postulando

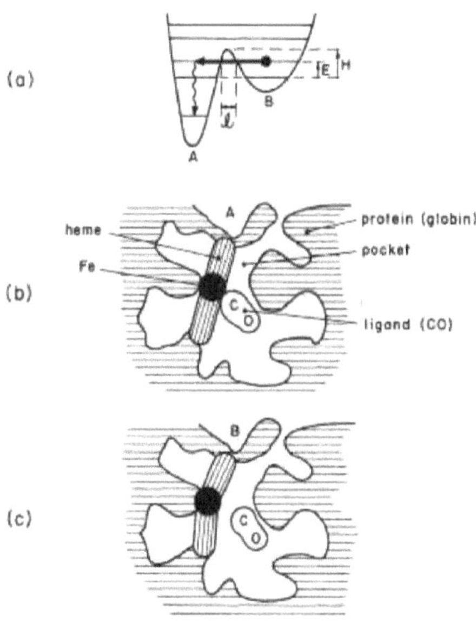

FIG. 1. The states involved in the tunneling of CO within myoglobin. (a) Tunneling occurs from the "free" state B to the bound state A. (b) In state A, the CO is bound to the heme iron, the heme group is planar, and the iron lies in the heme plane. (c) After photodissociation, the Fe—CO bond is broken, the CO molecule has moved away from the iron into the pocket, the iron has moved out of the heme plane, and the heme is domed.

denotamos por $g(H)dH$ a probabilidade de encontrar barreiras com alturas entre H e $H + dH$. A fração $N(t)$ de moléculas de Mb sem CO ligado no tempo t após a fotodissociação é dada por

$$N(t) = \int dH\, g(H) \exp[-k(H)t]. \tag{2}$$

A estrutura do CO afecta o tunelamento.

Se o CO se movesse como uma partícula pontual, o valor de AM/M seria cerca de duas vezes maior para a substituição
160 - 1 8 0 do que para o 12C - 13C. Os dados da Tabela I mostram o comportamento oposto: 12C180 liga-se mais rapidamente do que 13CleO e AM(12C-13C)/AM(160-180) = 2,06 ± 0,03. As previsões para alguns modelos simples também estão listadas na Tabela I. É preocupante notar que o valor de AM/M obtido na experiência com 12C160 vs 13C160 é próximo do previsto para uma molécula pontual de CO em túnel através de um potencial fixo. Se tivéssemos estudado apenas um par de isótopos, teríamos observado uma excelente concordância com o modelo mais simples! Os dois pares de isótopos juntos, no entanto, excluem qualquer explicação que não envolva a estrutura da molécula de CO. Uma explicação quantitativa das taxas de tunelamento pode exigir características como o movimento de rotação em torno de um eixo perpendicular ao vetor C-O, a excitação da molécula de CO e a participação de outros constituintes da proteína, como o átomo de ferro ou parte do grupo heme. O tunelamento molecular nas proteínas heme é ainda mais complexo do que na relaxação paraelástica.11 Este trabalho foi apoiado em parte pela U. S.
Departamento de Saúde, Educação e Bem-Estar

8. Tunelamento na ligação do ligando às proteínas Heme

Introdução

A re-ligação do monóxido de carbono à cadeia beta da hemoglobina após a fotodissociação por um flash laser é intramolecular abaixo de cerca de 200 K. Acima de 25 K, a re-ligação ocorre através do movimento clássico por cima da barreira; abaixo, domina o tunelamento quântico-mecânico. Ambos são descritos por um espetro de energia com um pico de EPeuk = 4,0 kilojoules por mole. A largura da barreira d(E), determinada a partir da dependência energética da taxa de tunelamento, depende da altura da barreira, d(E) 0,05 nanómetro x (E/pico) 1,5

observação de escavação de túneis

O tunelamento quântico-mecânico, no qual uma partícula passa através de uma barreira classicamente impenetrável, desempenha um papel mesmo em polímeros e biomoléculas. O tunelamento de electrões ocorre na fotossíntese (I); o tunelamento molecular foi observado na polimerização do formaldeído induzida por radiação (2). Relatamos aqui a observação de tunelamento molecular na ligação do monóxido de carbono à cadeia beta da hemoglobina (J3 Hb). Antes de descrevermos as nossas experiências, fazemos algumas observações sobre o tunelamento. Consideremos uma molécula de massa M em equilíbrio térmico com o meio envolvente à temperatura T num poço B. O poço B deve estar separado por uma barreira de potencial de altura E e largura d(E) do poço mais profundo A (Fig. la). A molécula pode deslocar-se de B para A saltando sobre a barreira ou fazendo um túnel através dela (3). Os dois processos distinguem-se pelas suas dependências de temperatura. O parâmetro de taxa de Arrhenius clássicoka, dado por ka(E) = A exp (-ElkBT) (I), desaparece no limite T -- 0. Aqui, kB= 8,32 joule mol-' K-i é a constante de Boltzmann e I kjoule mol- I = 0,239 kcal mol 1 = 0,010 ev. O tunelamento quântico-mecânico pode também ser dependente da temperatura, mas no limite T -- 0 permanece finito e torna-se independente da temperatura (4). O tunelamento é assim estabelecido se a taxa de transição entre

Para uma barreira parabólica com altura E > kBT, o limite de baixa temperatura pode ser escrito como kt(E) = Atexp[-7rd(E) (2ME)-/12h] (2) onde a exponencial é chamada o fator Gamow (5) e 2nl é a constante de Planck. Experimentalmente, estudamos a ligação de ligandos a proteínas heme e a compostos modelo heme por fotólise instantânea. A proteína heme H com o ligando L ligado, HL, é colocada num cristato e fotodissociada por um flash laser. A re-ligação subsequente, H + L -- HL, é seguida opticamente com um analisador de transientes com base de tempo logarítmica que regista de 2 usec a I ksec numa única varredura (6). Com esta técnica, investigámos anteriormente a ligação do CO e do 02 à mioglobina (Mb) de 40 a 320 K (7). A extensão destas experiências a 2 K evidencia a existência de tunelamento na Mb e, de facto, em todos os sistemas que analisámos (MbCO, MbNO, a HbCO, (HbCO, citocromo P450 CO, carboximetilcitocromo c CO, hidroxi-heme CO, 2- metilimidazoleheme CO e heme c octapeptídeo CO). Para o nosso trabalho, seleccionámos o ,3 HbCO e preparámos amostras (numa mistura de glicerol e água, 3 : 1, por volume, pH 7,0) pelo método de Geraci et al. (8). A figura lb apresenta as curvas de re-ligação para,8 HbCO. A quantidade N(t) é a fração de moléculas de Hb que não se ligaram novamente ao CO no tempo t após o flash do laser (9). Uma vez que as curvas se estendem por muitas ordens de grandeza no tempo, o log N(t) é apresentado como uma função do log t. A Figura Ic apresenta N(t) para T < 50 K numa escala expandida. As curvas apresentam duas características notáveis: (i) Abaixo de cerca de 20 K, elas se aproximam da independência da temperatura; e (ii) N(t) não é exponencial, mas próxima de uma lei de potência. Para expressar a caraterística (i), caracterizamos cada curva da Fig. Ic por t0,75, o tempo em que N(t) desce de I para 0,75. A taxa ko.75 = I/to.75 é representada na Fig. 2a versus log T. Acima de 25 K, ko.75 depende exponencialmente de T; abaixo de 10 K, é independente de T. O tunelamento quântico-mecânico é assim estabelecido: Os estados inicial e final da transição são distintos, como se prova pelos seus espectros ópticos; os estados são separados por uma barreira, como demonstrado pelo comportamento de Arrhenius acima de 25 K, e a taxa de transição de B para A torna-se independente da temperatura para T -) 0.

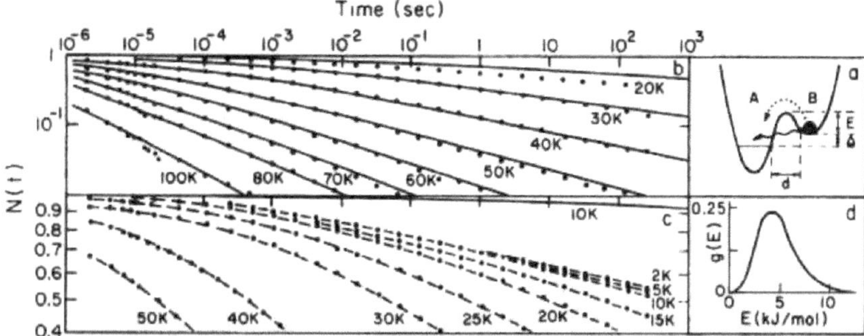

Fig. 1. (a) A molecule in well B can move to A by hopping over the barrier or tunneling through it.   (b) Rebinding of CO to β Hb after photodissociation. $N(t)$ is the fraction of β Hb molecules that have not rebound CO at time t after the laser flash.   (c) As (b), but with expanded $N(t)$ scale. The solid line labeled 10 K indicates $N(t)$ as expected without tunneling.   (d) Activation energy spectrum for β HbCO. The solid lines in (b) are calculated with $g(E)$ as given here.

9. Um modelo de afunilamento de electrões para a recombinação de iões radicais de hidrocarbonetos aromáticos em solventes não polares

Introdução

A absorção de radiação ionizante na matéria produz radicais iónicos e electrões, que também podem ser formados na fotólise, especialmente em processos de dois fotões. Os potenciais de ionização são grandes, mesmo em líquidos e sólidos; correspondentemente, a energia libertada pelo processo inverso também é grande. - A energia libertada pelo processo inverso é também suficientemente grande para produzir estados excitados e alterações cénicas. A isto chama-se neutralização iónica ou - mais frequentemente, no caso dos sistemas de radiação - recombinação iónica. No entanto, em muitas substâncias, o processo inverso não ocorre como tal, as reacções do ião radical e do eletrão conduzem frequentemente a iões com cascas fechadas e radicais neutros; por exemplo, em soluções aquosas, a reação de neutralização é apenas a que ocorre entre H_2O+ e $OH-$. Por outro lado, em muitas soluções orgânicas e especialmente nos alcanos, embora possa ocorrer transferência de carga positiva e ligação de electrões, os iões continuam a ser iões radicais; é a sua recombinação por transferência de electrões que interessa a este trabalho. As soluções de compostos aromáticos em alcanos constituem sistemas convenientes para o trabalho experimental, uma vez que os iões e as moléculas excitadas podem ser detectados pelos seus espectros de absorção, estes últimos pela emissão de luz. Nos líquidos móveis, a recombinação iónica é extremamente rápida (- 1 nsec) porque é em grande parte geminada, ou seja, o eletrão não escapa ao campo coulombiano do catião. Foram **utilizadas** duas abordagens principais: uma consiste em parar as reacções que envolvem movimentos moleculares (mas não transferência de carga) utilizando sólidos, por exemplo, vidros de alcanos a 77'K; a luminescência isotérmica do sólido que persiste durante horas após a irradiação e a termoluminescência produzida quando o vidro é amolecido por aquecimento são ambas devidas à recombinação iónica [l, 21; a luminescência diretamente excitada pela radiação desaparece em poucos segundos e não interfere. A outra abordagem - radiólise por impulsos [3, 4]- tem sido amplamente **utilizada** para estudar líquidos móveis à temperatura ambiente e, em alguns casos, a temperaturas mais baixas, para tirar partido do aumento da viscosidade. A viscosidade é muito importante porque controla a taxa de difusão molecular: os a\canos formadores de vidro e as misturas de alcanos (3-metil-pentano, etc.) fornecem uma vasta gama de viscosidades desde < 10m2 poise à temperatura ambiente até -lOI poise perto da transição vítrea (1 poise = 1 O-1 N set m-2). A radiação de alta energia ioniza as moléculas indiscriminadamente; assim, os iões positivos são inicialmente produzidos no solvente se as concentrações forem baixas, mas a transferência de carga para o soluto ocorre rapidamente se este tiver um potencial de ionização mais baixo; a fotólise ioniza diretamente o soluto.

Factores Franck-Condon

O papel dos factores de Franck e Condon nos processos intramoleculares tem sido estudado extensivamente [171; dependem de alterações no comprimento das ligações e das constantes de força; se estas forem pequenas, o fator dominante é o tamanho do intervalo de energia (neste caso, entre X* + Y- e X' + Y nos seus estados vibracionais mais baixos). Existe muito pouca informação sobre a estrutura e as vibrações dos iões de hidrocarbonetos aromáticos, mas é razoável supor que o ganho ou a perda de um eletrão os afectará

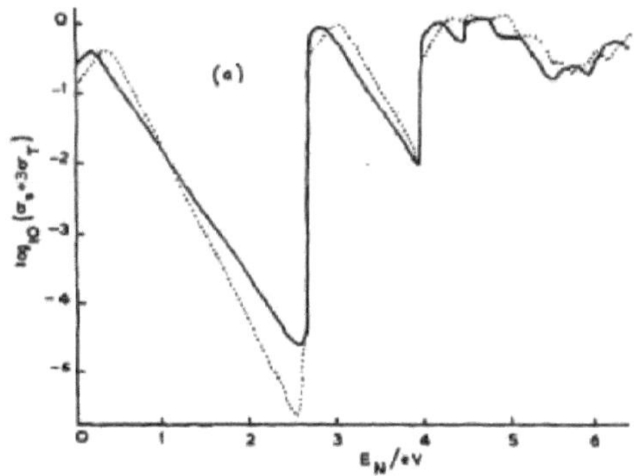

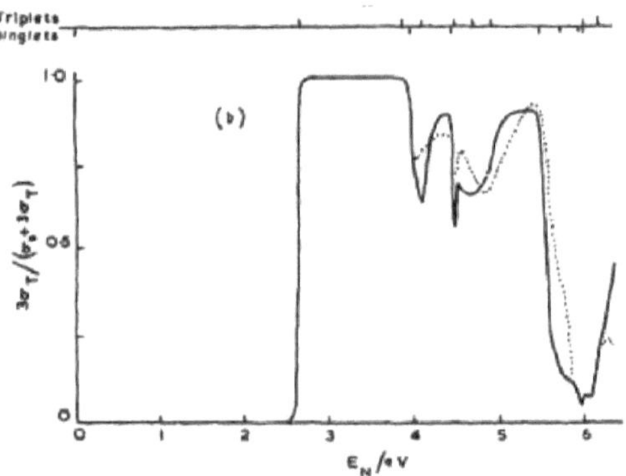

Fig. 1. (a) Effective energy level density (singlets and triplets) and (b) fraction of triplets as a function of energy for recombination of $C_{10}H_8^+$ (——), and $C_{10}D_8^+$ (·······):

consistente com a conservação global da energia em +-t u [14, 191. Esta dupla soma não pode ser avaliada

sem conhecimento pormenorizado das vibrações envolvidas; o tratamento aproximado que se segue é semelhante ao de Hoytink [141. Primeiro, assume-se que nenhuma energia é convertida em vibração em y. (Uma melhoria seria tomar esta energia como constante - a mais provável para o processo Y- + Y, ditada pelo princípio de Fran&-Condon - que poderia ser subtraída de EN em es. (I).) Em segundo lugar, a relação empírica de Siebrand e Williams para o cruzamento inter-sistemas [20] é usada para avaliar os termos *Fin* do intervalo de energia: a forma desta função pode ser vista no lado esquerdo da fig. l(a)_ Este procedimento dará, na melhor das hipóteses, um Ljmit inferior à eq. (7).

No entanto, será utilizado principalmente para fins ilustrativos e para o cálculo de taxas relativas, como se segue. A recombinação de iões radicais pode conduzir diretamente a estados excitados singleto ou tripleto. As condições em que as taxas podem variar são discutidas na secção 8. As constantes de velocidade relativas para a recombinação para o estado singleto ou tripleto a uma dada energia, *EN, podem* ser calculadas a partir de

$$k \propto \sigma = \sum_{E < E_N} \beta_2^2 F, \qquad (8)$$

$$\beta_1 = 0.736 \, e^2 a_0^{-2} R \exp[-R/a_0] \qquad (9)$$

(e is the electronic charge, a_0 the Bohr radius). The exponents of the atomic hydrogen orbitals are $-R/n$,

onde a soma é sobre os estados electrónicos. Por conveniência, us e 30~ são considerados como as somas dos estados singleto e tripleto, respetivamente. Os resultados dos cálculos de u para todos os estados e a fração de tripletos para o naftaleno são apresentados na fig. 1. Foram utilizadas as energias e as funções de onda calculadas por Pariser [181, com exceção das energias experimentais utilizadas para os dois primeiros singletos excitados e da posição de todo o coletor de trip let, que foi aumentada em 0,46 eV para que a energia do primeiro tripleto coincidisse com a experimentação. Os cálculos não foram efectuados para além de 6 eV porque essa região não é importante em meios condensados, e os níveis IT-U* e Rydberg desempenhariam um papel importante: apenas foram considerados os estados excitados n--x*. As aproximações envolvidas são tais que a fig. 1 só pode ser considerada como ilustração dos possíveis efeitos. Na região importante, 4-6 eV, os intervalos de energia são pequenos e os valores de F devem ser afectados por alterações no comprimento das ligações, etc. Além disso, a função de Siebrand e Williams só depende diretamente da experiência quando os desníveis de energia são grandes; quando são pequenos, implica a adaptação de um valor extrapolado aos cálculos dos factores de Franck-Condon para uma transição ótica. Estas aproximações apenas afectam os detalhes das curvas; por outro lado, a aproximação de que nenhuma energia se perde em Y provavelmente exagera as flutuações nas curvas.

10. Química quântica, cinética de reação e efeitos de túnel na reação de radicais metoxi com O2

Introdução

A reação do radical metoxi com O2 é o protótipo da reação de uma gama de radicais alcoxi maiores com

O2 na baixa atmosfera. Esta reação apresenta grandes desafios para a química quântica, com o CCSD(T) a prever em excesso a altura da barreira em cerca de 7 kcal/mol no conjunto de bases completo

limite. Os cálculos CCSD(T) indicam também que o análogo CH3OOO- do radical HOOO- é energeticamente instável em relação a CH3O- + O2, uma conclusão que parece improvável. A anterior previsão bem sucedida da altura da barreira utilizando as energias CCSD(T)/cc-pVTZ em geometrias CASSCF/6-311G(d,p) mostra que se baseia na utilização de uma função de onda de referência Hartree-Fock metaestável. O desempenho de vários funcionais de densidade é explorado e o B3LYP é selecionado para examinar o papel do tunelamento, incluindo a competição entre o tunelamento de pequena curvatura (SCT) e o tunelamento de grande curvatura (LCT). Verifica-se que o SCT é suficiente para descrever o tunelamento, em contraste com os resultados típicos das reacções bimoleculares de extração de hidrogénio. O mecanismo anteriormente proposto de um estado de transição cíclico produz constantes de velocidade para CH3O- + O2 que reproduzem fielmente o termo pré-exponencial de Arrhenius derivado experimentalmente. As previsões das razões de ramificação para as reacções concorrentes

CH2DO• + O2 → CHDO + HO2 (1a) and CH2DO• + O2→ CH2O + DO2 (1b)

estão também em boa concordância com a experiência. A constante de velocidade para a reação do radical metoxi com O2 foi medida várias vezes1-7 porque esta reação é o protótipo de uma vasta gama de reacções de radical alcoxi + O2 de interesse atmosférico.8,9 Para radicais alcoxi maiores, como o radical 2- pentoxi apresentado no Esquema 1, a reação com O2 na atmosfera compete com múltiplas reacções unimoleculares.8,9 Em muitas experiências cinéticas com radicais alcoxi, a única quantidade que pode ser determinada é a razão entre as constantes de velocidade, kO2/ kuni, entre a reação de O2 e a reação unimolecular dominante.9 A constante de velocidade da reação alcoxi + O2 pode então ser utilizada para calcular a constante de velocidade do canal de reação unimolecular dominante. Infelizmente, não se conhecem constantes de velocidade para os radicais alcoxi derivados de hidrocarbonetos não-alcanos, e muito menos, por exemplo, para os compostos orgânicos voláteis oxigenados (COV).8 O destino dos radicais alcoxi influencia fortemente a produção de ozono e de aerossóis orgânicos secundários no ar poluído10-13 e os químicos atmosféricos preocupados com o mecanismo de degradação dos COV apreciariam uma abordagem teórica fiável para determinar estas constantes de velocidade.14-18 Este estudo foi iniciado com o objetivo último de validar métodos teóricos que pudessem ser utilizados para prever constantes de velocidade para uma vasta gama de radicais alcoxi que reagem com O2. O próprio radical metoxi é um intermediário importante da oxidação atmosférica do metano, um processo que acaba por resultar na formação de hidrogénio molecular. Os rácios HD/H2 medidos são utilizados para quantificar as fontes e sumidouros de hidrogénio molecular numa base global.19 Verificou-se que a alteração do teor de deutério durante a conversão de CH3D em hidrogénio molecular é grandemente afetada pelo rácio de ramificação, k1a/k1b, do radical metoxi deuterado simples (CH2DO-) que reage com 02:20 **e os resultados**

Scheme 1. Reaction Pathways of 2-Pentoxy Radicals, Including Reaction with O_2, β C–C Scission (Decomposition), and Isomerization (1,n H-Shift)

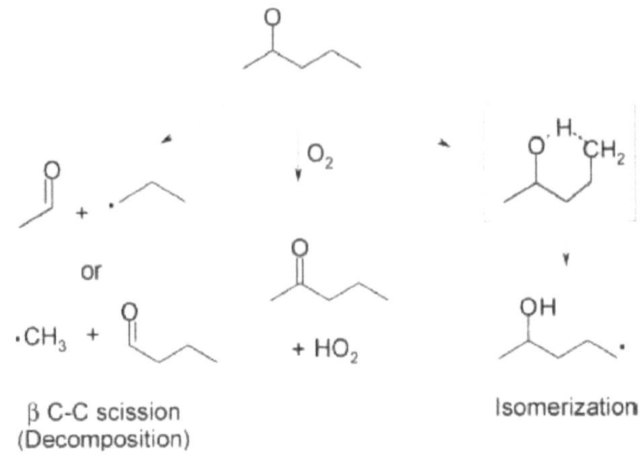

O_2

$\cdot CH_3 \ + $

$+ \ HO_2$

β C-C scission
(Decomposition)

Isomerization

or

há uma grande necessidade de determinar explicitamente a razão de ramificação da reação CH2DO- + O2 (k1a/k1b) para fornecer dados aos modeladores atmosféricos. Este rácio de ramificação foi medido à temperatura ambiente por Nilsson et al.21 e na gama de temperaturas 250-333 K por uma colaboração que incluiu os presentes autores.22 No entanto, para aplicação à troposfera superior e à estratosfera inferior, o rácio de ramificação precisa de ser determinado para temperaturas até cerca de 200 K. Por conseguinte, um objetivo secundário desta investigação foi utilizar a teoria para estender de forma fiável o rácio de ramificação, k1a/k1b, a temperaturas abaixo da gama em que foram feitas medições. A constante de velocidade de reação do CH3O- com O2 foi determinada experimentalmente à temperatura ambiente e acima desta,1-7 levando a uma constante de velocidade recomendada de $(1,6\text{-}1,9) \ \chi \ 10\text{-}15$ cm3 molécula-1 s-1 a 298 K.8,23,24 Três grupos de investigação1-3 determinaram a constante de velocidade absoluta a temperaturas que abrangem o intervalo 298-973 K. No intervalo 290 K < T < 610 K, estes resultados são bem ajustados pela expressão k(CH3O+O2) = 7,8-2,9 +4,7 x 10-14 exp[-(1150 ± 190)/T] cm3 molécula-1 s-1, o que corresponde a 1,6 x 10-15 cm3 molécula-1 s-1 a 298 K.8 A técnica da constante de velocidade relativa também foi aplicada para estudar as constantes de velocidade desta reação, obtendo-se resultados semelhantes a 298 K.4-7 O fator pré-exponencial na equação de Arrhenius é bastante baixo em comparação com as reacções típicas de abstração de hidrogénio, o que levou Jungkamp e Seinfeld a sugerir que esta reação pode não se processar através da abstração direta de átomos de H.25 Outra particularidade é que as constantes de velocidade obtidas a T > 610 K excedem em muito as obtidas por extrapolação de um gráfico de Arrhenius dos dados a temperaturas mais baixas.3 Foram efectuados cálculos de química quântica para explorar o mecanismo de reação, bem como a importância do tunelamento. Jungkamp e Seinfeld25 sugeriram que a reação ocorre através da adição de O2 para formar o radical metiltrióxido, CH3OOO%26 , seguida da eliminação de HO2 através de um ponto de sela de cinco membros do anel:

$$+ \rightarrow \bullet\bullet\; CH3O\; O2\; CH3OOO\; (R2)$$
$$\rightarrow +\; \bullet\bullet\; CH3OOO\; CH2O\; HO2\; (R3)$$

Bofill et al.27 identificaram um erro que comprometeu esta conclusão. Além disso, recalcularam a superfície de energia potencial em UCCSD(T)/cc-pVTZ//CASSCF(9,7)/6-311G(d,p) e descobriram que o radical cis-metiltrioxi estava 4,8 kcal/mol acima dos reagentes. Como calcularam uma barreira de 50 kcal/mol no caminho que leva do radical trioxilo ao produto CH2O e HO2, concluíram que o radical trioxilo não era relevante para esta reação. Note-se que o radical trioxilo mais simples, HOOO-, é muito difícil para a química quântica28,29 e que o CH3OOO- nunca foi caracterizado por qualquer experiência. Bofill et al. encontraram um ponto de sela (TS1) para a abstração direta de um átomo de hidrogénio do CH3O pelo O2. Uma particularidade da estrutura do ponto de sela é uma interação não covalente entre o centro radicalar do radical metoxi e o átomo de oxigénio do O2 que não abstrai o átomo de hidrogénio (Esquema 2) e um complexo pré-reativo fracamente ligado (0,3 kcal/mol). Bofill et al. encontraram um segundo ponto de sela (acíclico) (TS1 ') que foi calculado como sendo ~ 8 kcal/mol mais elevado em energia do que o TS1

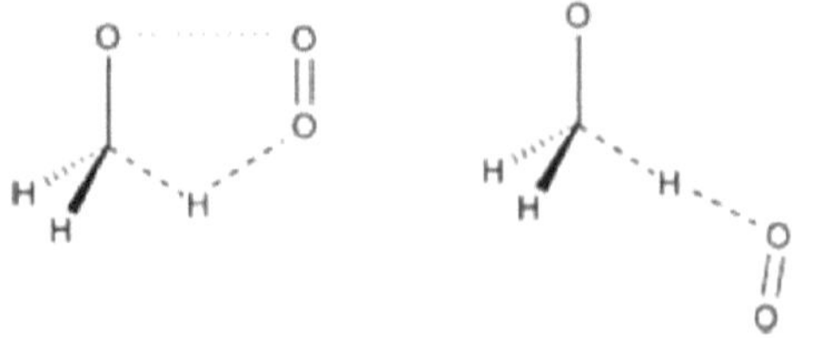

Para calcular as constantes de velocidade, Bofill et al. tiveram em conta o tunelamento utilizando o potencial de Eckart assimétrico, o que resultou num coeficiente de tunelamento, κ(T), de ~ 9 a 298 K. Setokuchi e Sato30 adoptaram a conclusão de Bofill et al. de que a abstração de hidrogénio é o principal canal da reação do radical alcoxi com O2 e calcularam a superfície de energia potencial ao nível teórico G2M(RCC1)31 . Setokuchi e Sato consideraram o tunelamento com uma abordagem multidimensional: tunelamento de pequena curvatura (SCT). Os seus cálculos sugerem que o tunelamento é mais modesto à temperatura ambiente (κ ~ 2) do que o encontrado por Bofill et al. Obtiveram um coeficiente de tunelamento muito maior a temperaturas mais baixas de interesse atmosférico (~ 8 a 200 K). Ambos os trabalhos obtiveram constantes de taxa em concordância razoável com a experiência; no entanto, os seus resultados não explicam o comportamento não-Arrhenius significativo observado por Wantuck\ et al., a T > 600 K.3 A discordância entre os dois estudos teóricos quanto à importância do tunelamento a 298 K lança dúvidas sobre a nossa capacidade de prever com fiabilidade a razão de ramificação dos dois canais de produtos da reação CH2DO- + O2 a T < 250 K. Tanto os dados existentes sobre esta razão de ramificação (para 250 K < T < 333 K) como as experiências em curso sobre a constante de velocidade da reação CH3O•/CD3O• + O2 fornecerão testes rigorosos dos resultados dos cálculos teóricos das alturas de barreira e do tunelamento. Bofill et al. sugeriram, com base na grande contaminação de spin na função de onda UHF, que a função de onda de TS1 foi fortemente influenciada pela correlação não dinâmica. No entanto, o facto de tanto os seus cálculos de ponto único UCCSD(T) como os cálculos G2M(RCC1) de Setokuchi e Sato terem obtido alturas de barreira razoáveis pode sugerir que o carácter multi-referência não é tão mau que impeça a utilização (cautelosa) de métodos de referência única. Neste trabalho, utilizámos métodos químicos quânticos de referência única para estudar o tunelamento e os efeitos variacionais na reação metoxi + O2 na superfície de spin duplo. O tunelamento é estudado usando os tratamentos de tunelamento multidimensional (semiclássico). Devido à necessidade de utilizar métodos eficientes de cálculo da estrutura eletrónica para calcular o tunelamento multidimensional, avaliamos cuidadosamente o desempenho de vários métodos de referência única entre si e a energia de ativação experimental antes de prosseguir com os cálculos de tunelamento.

11. Túnel de electrões entre dois supercondutores

Introdução

Quando dois metais são separados por uma fina película isolante, os electrões podem fluir entre os dois condutores devido ao efeito de túnel da mecânica quântica. Se for aplicada uma pequena diferença de potencial entre os dois metais, a corrente através da película variará linearmente com a tensão aplicada, desde que a densidade de estados nos dois metais seja constante ao longo da gama de tensão aplicada, ' como acontece com a maioria dos metais. Num supercondutor, no entanto, a densidade de estados muda rapidamente num intervalo de energia estreito centrado no nível de Fermi, de modo que a caraterística tensão-corrente se torna não linear. É relativamente fácil correlacionar a mudança da linearidade com a variação da densidade de estados. Sob o pressuposto de que a corrente de túnel é proporcional à densidade de estados, a corrente entre metais normais e supercondutores está em boa concordância com a densidade de estados calculada para um supercondutor pela teoria de Bardeen-Cooper-Schrieffer'. Uma medida mais direta do intervalo de energia é possível quando os electrões fazem um túnel entre dois supercondutores, como se pode compreender a partir de um modelo de uma partícula de um supercondutor, como se mostra na Fig. 1. Todos os fenómenos observados de tunelamento em supercondutores podem ser compreendidos qualitativa e quantitativamente se estivermos dispostos a aceitar este modelo, que efetivamente orientou as experiências.

Fenómenos de tunelamento

As amostras foram preparadas através da deposição de vapor de alumínio em lâminas de vidro comuns e deixando a superfície da película de alumínio oxidar. Após a formação de uma camada de óxido adequada, o chumbo, o índio ou o alumínio foram depositados a vapor sobre ela para formar uma sanduíche de metal. -sanduíche de óxido e metal. Pensa-se que a camada de óxido tem uma espessura de 15-20 A. Na Fig. 2 são mostradas algumas características típicas de tensão-corrente para as três diferentes sanduíches de metal-óxido-metal testadas. A escala da tensão é em milivolts, enquanto a escala da corrente é em unidades arbitrárias. Foi utilizado um registador X-Y para recolher os dados. A sanduíche envolvendo o chumbo comporta-se exatamente como previsto no modelo da Fig. 1. De facto, para obter a curva, foi necessário ligar a amostra com uma rede BC para amortecer as oscilações auto-induzidas. A sanduíche envolvendo o índio mostra basicamente as mesmas características, embora para o índio a região instável não tenha sido traçada. Além disso, como se depreende do comportamento a baixa corrente desta amostra, a película de óxido é atravessada por uma ponte supercondutora. Quando a corrente é aumentada, a ponte torna-se normal e a sua condutividade é demasiado baixa para afetar as características gerais do tunelamento. Quando a corrente é diminuída, a ponte permanece normal a uma corrente mais baixa devido ao aquecimento de Joule. Finalmente, a sanduíche que envolve o alumínio é um pouco diferente, pois aqui as lacunas de energia de cada lado do óxido são iguais e, a esta temperatura, a cauda de Fermi é da mesma ordem de grandeza que metade da largura da lacuna.

Os desvios de energia obtidos com estas experiências

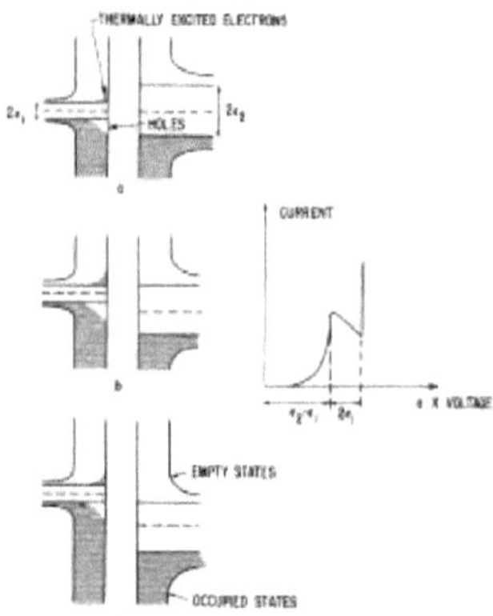

FIG. 1. Analysis of the current-voltage characteristic of two superconductors separated by a thin film. (a) The two superconductors with no voltage applied. Thermally excited electrons and holes are shown for the smaller gap, while for the larger gap there will be relatively few thermally excited electrons. (b) When a voltage is applied, a current will flow and will increase with voltage, because more and more of the thermally excited electrons in the left-hand superconductor are raised above the forbidden gap in the right-hand superconductor, and can tunnel. When the applied voltage corresponds to half the difference of the two energy gaps, $\epsilon_2 - \epsilon_1$, it has become energetically possible for all the thermally excited electrons to tunnel through the film. (c) When the voltage is increased further, only the same number of electrons can tunnel, and since they now face a less favorable (lower) density of states, the current will decrease. Finally, when a voltage greater than half the sum of the two energy gaps, $\epsilon_2 + \epsilon_1$, is applied, the current will increase rapidly because electrons below the gap can begin to flow.

ments are

$$2\epsilon_{Pb} = (2.68 \pm 0.06) \times 10^{-3} \text{ electron volt,}$$

$$2\epsilon_{In} = (1.05 \pm 0.03) \times 10^{-3} \text{ electron volt,}$$

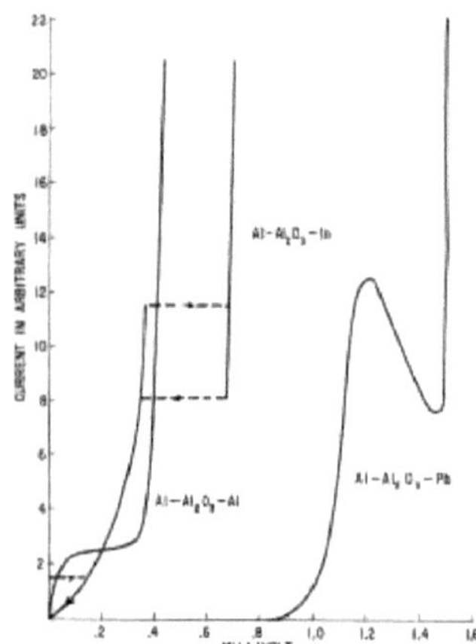

FIG. 2. Characteristic curves for tunneling between two superconductors, showing agreement with the analysis of Fig. 1. The curves Al-Al$_2$O$_3$-In and Al-Al$_2$O$_3$-A are taken at $T \sim 1.1°$K, while the curve Al-Al$_2$O$_3$-Pb is at $T \sim 1.0°$K.

obtain

$$2\epsilon_{Pb} = (4.33 \pm 0.10)kT_c,$$

$$2\epsilon_{In} = (3.63 \pm 0.10)kT_c,$$

where T_c is the bulk transition temperature. This direct measurement of the energy gap for lead is a little smaller than what was obtained by fitting the experimental results with the BCS theory, where the best fit was obtained with an energy gap of $4.5kT_c$.[4] It should be noted that quite a large spread in the transition temperature of the aluminum films has been found; a transition temperature as high as 1.8°K has been observed. Whether this is true for the lead and indium films as well is not known.

12. tunelamento em supercondutores a temperaturas inferiores a 1°K
Introdução

A criação de um intervalo de energia na densidade de estados dos electrões quando um metal é tornado supercondutor. A evidência experimental deste hiato pode ser obtida por vários métodos diferentes[2] , sendo o tunelamento de electrões um método particularmente ilustrativo e simples.[3-6] Numa experiência de tunelamento, a amostra consiste numa fina camada isolante ensanduichada entre duas películas metálicas evaporadas.

Experimental

a corrente de tunelamento de electrões através da camada isolante é observada em função da tensão aplicada entre as duas películas metálicas. Utilizando a técnica de tunelamento, obtém-se não só a magnitude do intervalo de energia, mas também a correspondente densidade de estados. As experiências anteriores[7] foram feitas apenas na gama de temperaturas $T > 1°K$, mas nesta gama kT é ainda uma fração apreciável do intervalo de energia e resulta numa mancha de temperatura. Decidimos repetir algumas das experiências a uma temperatura mais baixa $r^{\pi} 0.3 °K$, utilizando um frigorífico de hélio-três. Além disso, para verificar mais de perto a teoria de Bardeen-Cooper-Schrieffer, decidiu-se medir diretamente o declive da curva corrente-tensão (dV/dI ou resistência dinâmica), pois é esta grandeza que é inversamente proporcional à densidade de estados. Os supercondutores estudados foram o estanho, o chumbo, o índio e o alumínio, observando a tensão alternada desenvolvida através da junção. Uma vez que as características não lineares da resistência da junção ocorrem na gama de alguns milivolts, é necessário ter muito cuidado para obter uma resolução e precisão elevadas. O plotter de resistência é mostrado esquematicamente na Fig. 1. O circuito utilizado para observar a pequena tensão de 8 cps que aparece através da junção é essencialmente um detetor síncrono de alto ganho que tem a elevada relação sinal/ruído necessária. Para medir a tensão CA que surge através da junção, é utilizado um amplificador de disjuntor de 8 cps da Beckman (modelo 14) modificado.[8] As modificações ao amplificador da Beckman consistem na remoção dos disjuntores e do conjunto de acionamento do disjuntor e na ligação direta da entrada ao transformador de entrada.

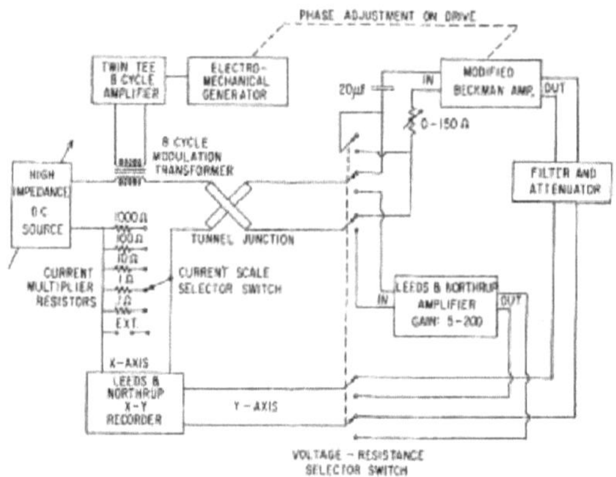

FIG. 1. Schematic drawing of the electrical measuring circuit. The resistance plotter is essentially a high-gain synchronous detector with a high signal-to-noise ratio.

Os disjuntores e o conjunto de acionamento estão localizados fora do amplificador e estão ligados a ele por cabos blindados. O mecanismo de acionamento do disjuntor também acciona de forma síncrona um gerador eletromecânico de 8 cps. Este gerador é constituído por um pequeno íman permanente que roda no pólo de uma bobina de captação. A fase entre o gerador de 8 cps e os disjuntores pode ser variada em 360° rodando a bobina de captação em relação ao íman gerador. O sinal de 8 cps da bobina de captação é alimentado a um amplificador de telecomando para controlo da forma da onda e da amplitude e, em seguida, acciona um transformador de modulação. O transformador de modulação aplica o sinal de 8 cps a um circuito em série que consiste na junção, nas resistências do multiplicador de corrente utilizadas para medir a corrente da junção e numa fonte CC de alta impedância utilizada para polarizar a junção. Para alta resolução, a amplitude do sinal de 8 cps que aparece através da junção é da ordem de um microvolt ou menos. A tensão de 8 cps que surge através da junção é alimentada através de um condensador de bloqueio e de uma resistência de correspondência de impedância variável diretamente para o transformador de entrada do amplificador Beckman modificado. Após a amplificação, o sinal de 8 cps é convertido em CC pelos disjuntores de saída do amplificador Beckman. Esta tensão CC é então passada através de redes de filtros e atenuadores e aplicada ao eixo Y de um registador X-Y *de* Leeds e Northrup. O eixo X deste registador mede simultaneamente a corrente da junção. É obtido um gráfico contínuo de resistência versus corrente através da utilização de um controlo de saída motorizado na fonte de polarização dc. A corrente de polarização através da junção deve mudar lentamente para permitir que o detetor síncrono siga as mudanças na resistência da amostra. Para garantir a exatidão, o plotter de resistência é sempre calibrado na gama necessária de valores de resistência. A calibração é efectuada substituindo a junção e os cabos da junção por um circuito equivalente de resistências conhecidas. A não linearidade no plotter de resistência deve-se principalmente à mudança de fase e à incompatibilidade de impedância no circuito de entrada do amplificador Beckman. O efeito da deslocação de fase é pequeno e pode ser minimizado ajustando a fase do gerador de 8 cps em relação ao disjuntor de saída do amplificador de Beckman. Não linearidade devido a incompatibilidade de impedância na entrada do amplificador de Beckman

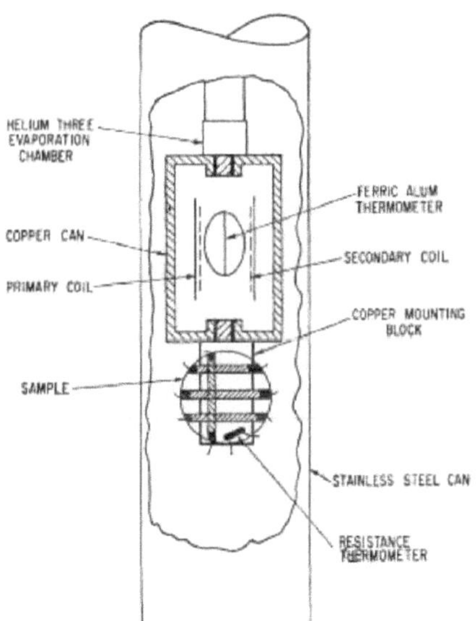

FIG. 2. Schematic detail of the helium-three refrigerator showing sample, sample mounting, and thermometry.

também é pequena se a carga vista pelo transformador de entrada do amplificador estiver dentro de um fator de 3 da sua impedância nominal de projeto. A gama linear foi alargada ainda mais utilizando metade ou a totalidade do enrolamento primário do transformador de entrada, dependendo da gama de resistências a medir. A não linearidade devida à distorção do amplificador não ocorre, uma vez que o sinal de entrada é sempre pequeno. No decurso das experiências, verificou-se que, em alguns casos, os gráficos tensão vs corrente e resistência vs corrente não eram reproduzíveis. O problema foi atribuído ao ruído CA de 60 cps através da junção. Este ruído CA foi introduzido por circuitos de terra entre o registador *X-Y* e os vários amplificadores. Através da seleção adequada dos pontos de ligação à terra e da polaridade, o ruído CA que aparecia na junção foi reduzido para menos de 5 /xv pico a pico, medido com um osciloscópio. Como verificação final, uma curva I-V obtida com os instrumentos de registo automático foi comparada com uma curva *I-V* da mesma amostra obtida com um potenciómetro completamente blindado e um circuito de medição com amperímetro. A concordância foi excelente, indicando que a maior parte do ruído CA tinha sido eliminada.

13. Supercondutividade de tunelamento quântico em nanofios ultrafinos

Introdução

É de importância fundamental estabelecer se existe um limite para a espessura que um fio supercondutor pode ter, mantendo o seu carácter supercondutor, e se existe um limite, determinar o que o define. Esta questão pode também ser de importância prática na definição do limite de miniaturização dos circuitos electrónicos supercondutores. A altas temperaturas, a resistência dos supercondutores lineares é causada por excitações chamadas deslizamentos de fase activados termicamente1±4. O tunelamento quântico dos deslizamentos de fase é outra possível fonte de resistência que ainda está a ser debatida5±8. Foi previsto teoricamente8 que tais deslizamentos de fase quânticos podem destruir a supercondutividade em fios muito estreitos. Aqui relatamos medições de resistência em nanofios ultrafinos ((10 nm) produzidos por revestimento de nanotubos de carbono com uma liga supercondutora de Mo± Ge. Verificamos que os nanofios podem ser supercondutores ou isolantes, dependendo da razão entre a sua resistência de estado normal (RN) e a resistência quântica para pares de Cooper (Rq). Se RN , Rq, o tunelamento quântico dos deslizamentos de fase é proibido por um forte amortecimento, pelo que os fios permanecem supercondutores. Em contrapartida, observamos um estado isolante para RN . Rq, que explicamos em termos de proliferação de deslizamentos de fase quânticos e de uma correspondente localização de pares de Cooper. O fenómeno da supercondutividade depende da coerência da fase (J) do parâmetro de ordem supercondutor. Para sistemas pequenos, como as junções Josephson ou os fios ultrafinos, J é uma variável quântica que pode ou não ter um valor definido, correspondendo aos estados supercondutor e isolante, respetivamente: o sistema torna-se supercondutor quando a sua função de onda se localiza no espaço J. As propriedades de uma junção Josephson podem ser compreendidas por analogia com uma partícula quântica num potencial periódico9, cuja função de onda é uma onda de Bloch deslocalizada. Uma vez que a energia de Josephson é uma função periódica de J, a junção Josephson também deve ser deslocalizada no espaço J e, portanto, isolante, para uma força arbitrária do acoplamento Josephson.

Mas isto nem sempre é verdade, uma vez que a junção Josephson é um sistema quântico macroscópico10 que interage com o seu ambiente. Esta interacção11, quando linear, pode ser descrita em termos do coeficiente de atrito clássico (h). O atrito pode reduzir a largura de banda de energia a zero e localizar a partícula12±14. Essa transição de localização quântica é chamada de transição de fase dissipativa (DPT)15. Ocorre num valor crítico de h independente da força do potencial periódico. No caso das junções Josephson15, a dissipação é controlada pela condutância normal (GNJJ), e a DPT aparece como uma transição supercondutor±isolador em GNJJ . .2e.2=h . 1=Rq, em que e é a carga de um eletrão e h é a constante de Planck. A física dos fios supercondutores é mais complicada porque J pode variar ao longo do fio. A natureza das transições supercondutor±isolador em nanofios foi recentemente analisada teoricamente por muitos autores7,8,16, mas atualmente não existe consenso.

Investigação

Aqui investigamos experimentalmente a possibilidade de um DPT em fios ultrafinos. Se existir, poderá ser o principal mecanismo que controla a supercondutividade em nanofios. Por analogia com as junções Josephson, é de esperar que o DPT seja controlado pela condutância de estado normal do fio (GN, equivalente a 1/RN) e não dependa explicitamente do seu diâmetro, que determina a barreira de energia para as fugas de fase. Medimos vários nanofios

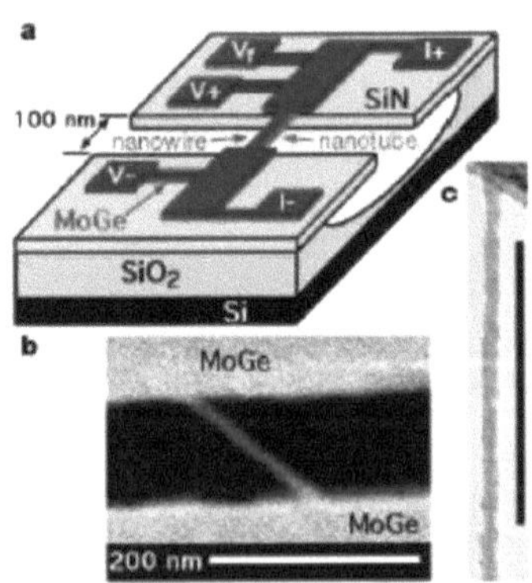

Figure 1 Fabrication and imaging of nanowire. **a**, Diagram of the sample. The Si substrate (shown black) is covered with a 0.5-μm layer of SiO_2 and a 50-nm SiN film. A 100-nm-wide slit is patterned in the SiN film using electron beam lithography and reactive ion etching. The SiO_2 layer under the slit is removed using HF to form an undercut (shown white). To make a nanowire, we first deposit nanotubes (red) and then sputter a 5-nm-thick amorphous $Mo_{79}Ge_{21}$ film and a 1.5-nm Ge protective layer. Initially the metal film covers the entire substrate including free-standing carbon nanotubes or bundles crossing the slit. Next we find a suitable single nanowire (using scanning electron microscopy, SEM) and pattern the electrodes (blue) using optical lithography and reactive ion etching. The Mo-Ge film is interrupted by the slit, and forms two electrodes connected electrically through a single nanowire. **b**, SEM image of a sample, showing a free-standing nanowire which connects two Mo-Ge electrodes. This is one of the thinnest wires found under the SEM. Its apparent width, including blurring in the SEM image, is $W \approx 10$ nm. The scale bar (white) is 200 nm. **c**, One of the thinnest wires found under a higher-resolution transmission electron microscope. The wire width is $W_{TEM} \approx 5.5 \pm 1$ nm. The scale bar (black) is 100 nm.

de diâmetro inferior ou igual a 10 nm, com comprimento L compreendido entre ,95nm e ,185 nm, muito superior ao comprimento de coerência y . 8 nm. Verifica-se que os fios são supercondutores apenas se RN for inferior à resistência quântica para os pares de Cooper (Rq . h=.2e.2 < 6:5 kQ), e isolantes no caso contrário. Isto está de acordo com a interpretação DPT: com uma dissipação fraca, o tunelamento de deslizamentos de fase é dominante em fios ultrafinos e destrói a supercondutividade. No entanto, a supercondutividade é recuperada em RN , Rq, quando a dissipação, proporcional a GN, é suficientemente forte para suprimir o tunelamento de deslizamento de fase quântico (QPS). Os efeitos quânticos só são mensuráveis em nanofios ultrafinos de tamanho ,10nm (ref. 8), o que está abaixo do limite de resolução da litografia por feixe de electrões. Desenvolvemos uma técnica que permite o fabrico de nanofios uniformes consideravelmente mais finos do que 10nm (Fig. 1c). Isto consegue-se pulverizando uma liga supercondutora de Mo79Ge21 amorfo sobre um nanotubo (ou feixe de tubos) de carbono livre, que é colocado sobre uma fenda estreita e profunda17 gravada no substrato (Fig. 1a). A largura do fio é determinada pela largura do feixe subjacente, que serve de modelo para a deposição do metal. Os ®lms de Mo±Ge estirados são amorfos, têm uma transição supercondutora acentuada e não mostram sinais de granularidade até 1 nm de espessura do ®lm (ref. 18). Os nossos nanofios são cinco vezes mais grossos, pelo que se espera que sejam muito homogéneos. De facto, mesmo os fios mais estreitos de largura W < 5,5 nm são contínuos (ver Fig. 1c), com uma rugosidade superficial de ,1 nm. A resistência da amostra foi determinada a partir do declive das curvas corrente±tensão (I±V) medidas a uma frequência de 0,48 Hz através da polarização atual dos fios I+ e I- (Fig. 1a). Uma baixa amplitude de polarização (4 nA) garantiu a linearidade das curvas I±V. A tensão foi medida com um ampli®cador PAR 113 (Princeton Applied Research) operado por bateria de baixo ruído. Exemplos de curvas de resistência versus temperatura são mostrados na Fig. 2a. A curva inferior mostra a transição supercondutora dos eléctrodos. A curva superior dá a resistência R(T) do nanofio em série com uma secção dos eléctrodos. Abaixo de 5,5 K, os eléctrodos não têm resistência, mas o fio não, e R(T) é exatamente igual à resistência do fio. A resistência medida imediatamente abaixo da transição do ®lme é considerada a resistência RN do fio no estado normal19 (Fig. 2a). A homogeneidade (ausência de uma estrutura granular) dos fios é estabelecida medindo a sua resistividade normal em massa. Verificamos que a resistividade é a mesma para todos os fios e concorda bem com os valores padrão para o Mo79Ge21 amorfo. Na Fig. 2b mostramos um gráfico da condutância normal de comprimento unitário G0 [L=RN versus a largura do fio W. A largura é medida usando um microscópio eletrónico de varrimento. Um exemplo é apresentado na Fig. 1b. Todos os pontos de dados na Fig. 2b, incluindo as amostras isolantes, podem ser ®tados com uma linha reta. O declive dá a resistividade como r . d=.dG0=dW. < .1:86 0:4. mQ m. Isto está em excelente concordância com os valores rf < 1:7 mQm e rb < 1:65 mQm medidos em Mo79Ge21 ®lms18 amorfos de 5 nm de espessura e em amostras a granel, respetivamente. Aqui assumimos que a espessura do ®lme é constante ao longo do fio e é igual à espessura do ®lme d . 5 nm. São possíveis alguns desvios deste modelo de geometria, uma vez que o ®lm nos nanotubos supostamente circulares pode ter extremidades afiladas. Por outro lado, os desvios devem ser fracos porque a pulverização catódica está longe de ser unidirecional. Além disso, a rugosidade das arestas é muito menor do que o comprimento de coerência, pelo que os efeitos supercondutores não devem ser influenciados. As medições seguintes também confirmam que os fios são uniformes ao longo do seu comprimento. (1) O rácio de resistência residual para todos os

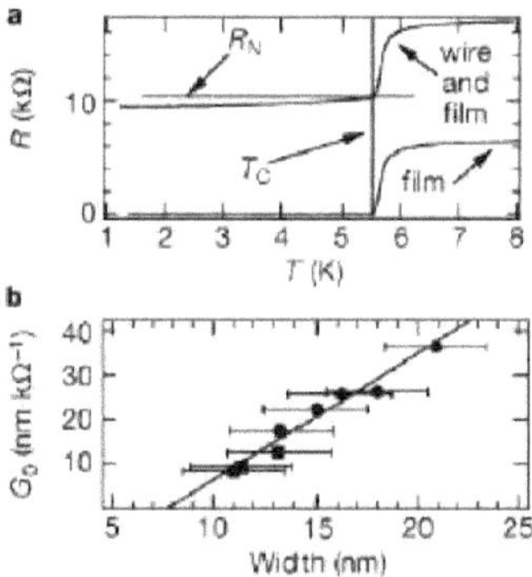

Figure 2 Normal-state properties of the nanowires. **a**, Definition of the normal-state wire resistance (R_N). The bottom curve is the resistance of the 5-nm-thick Mo-Ge film (the leads) versus temperature, measured on the contacts V_I and V+ (see Fig. 1a). The top curve is taken on the V+ and V− contacts, and shows the resistance $R(T)$ of a nanowire connected in series with a section of the leads. Below 5.5 K (vertical line) the leads are superconducting and the top curve gives the resistance of the nanowire. The normal-state resistance R_N (horizontal line) is measured immediately below the film transition where the wire is still normal. **b**, Unit-length wire conductance $G_0 = L/R_N$ versus the wire width W. The width is measured by SEM. L is the effective length of the wire. Each data point represents a different sample. The data are shown for superconducting (circles) and insulating (squares) samples. The straight line is $G_0 = C(W - W_0)$ with $C = 2.8 \times 10^{-3}$ S and $W_0 = 7.9$ nm. Note that W systematically overestimates the actual width of the conducting core of the wire owing to SEM smearing (compare Fig. 1b and c) and the presence of the Ge protective film on top of each wire. This explains why the linear fit does not extrapolate to zero.

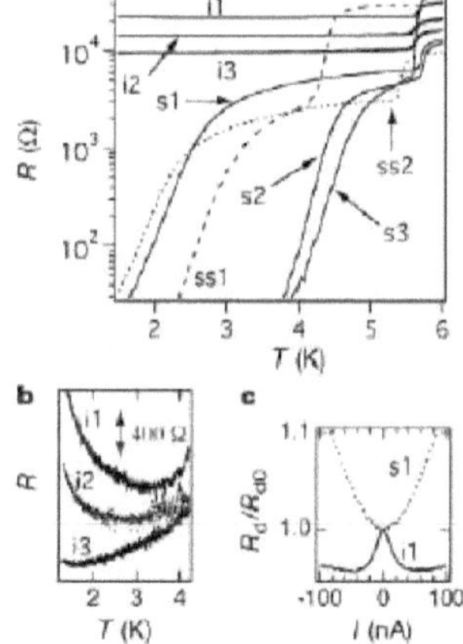

Figure 3 Transport properties of superconducting and insulating nanowires. **a**, Resistance versus temperature curves for eight different samples. The superconducting transition of the leads takes place at $T_c \approx 5.5$ K. Sample ss1 has a different T_c (≈ 4.3 K), presumably due to a different substrate treatment. Samples ss1 (dashed curve) and ss2 (short-dash curve) contain two parallel wires. All other samples have only a single wire. The samples i1, i2, i3, s1, s2, s3, ss1 and ss2 have the following parameters. Apparent widths (nm; measured under SEM) are $W = 11$, 11.4, 13.2, 18, 21, 16.2, 13.3 and 15, respectively. The wires in each of pair ss1 and ss2 have about the same width. The normal-state resistances (kΩ) are $R_N = 22.6$, 14.79, 10.29, 6.42, 4.53, 5.66, 3.09 and 3.2, respectively. The effective lengths (nm) are $L = 185$, 135, 130, 168, 165, 146, 57 and 72, respectively. For the pairs of parallel wires, the quoted length is calculated as $1/L = 1/L_1 + 1/L_2$. The lengths of the ss1 wires are $L_1 = 96$ nm and $L_2 = 139$ nm. For the ss2 pair, the lengths are $L_1 \approx L_2 \approx 143$ nm. **b**, Magnification of the $R(T)$ curves i1, i2 and i3. The curves are vertically displaced for clarity. All three samples show $\mathrm{d}R/\mathrm{d}T < 0$ at low enough temperatures. The upturn takes place at $T = 3.2$, 2.8 and 1.6 K for the samples i1, i2 and i3, respectively. **c**, A plot of normalized differential resistance ($R_d = \mathrm{d}V/\mathrm{d}I$, $R_{d0} = \mathrm{d}V/\mathrm{d}I|_{I=0}$) versus the bias current (I) for two samples: i1 ($T = 1.2$ K) and s1 ($T = 4.2$ K).

14. Tunelamento de electrões através de barreiras cristalinas ultrafinas de nitreto de boro

Introdução

as propriedades electrónicas de camadas cristalinas ultrafinas de nitreto de boro hexagonal (h-BN) com diferentes materiais condutores (grafite, grafeno e ouro) em ambos os lados da camada de barreira. A corrente de túnel depende exponencialmente com o número de camadas atómicas de h-BN, até à espessura de uma monocamada. Os exames de microscopia de força atómica condutiva em terraços de h-BN de diferentes espessuras revelam um elevado nível de uniformidade na corrente de túnel. Os nossos resultados demonstram que o h-BN atomicamente fino actua como um dielétrico sem defeitos com um elevado campo de rutura. Oferece um grande potencial para aplicações em dispositivos de túnel e em transístores de efeito de campo com uma elevada densidade de portadores no canal condutor.

Investigação

O nitreto de boro hexagonal (h-BN) tem um grande potencial para ser utilizado como camada dieléctrica em dispositivos heteroestruturados funcionais que exploram as propriedades notáveis do grafeno.1 -A combinação de grafeno e h-BN abre a possibilidade de criar uma nova classe de heteroestruturas multicamadas atomicamente finas.5,6 O grafeno e o h-BN partilham a mesma estrutura cristalina e têm constantes de rede muito semelhantes, mas, ao contrário do grafeno, o h-BN é um isolante com um grande intervalo de energia de 6 eV.7,8 Estudos anteriores centraram-se na utilização do BN como substrato para a eletrónica do grafeno.7,9,10 O nitreto de boro espesso foi também utilizado como dielétrico em experiências sobre gases de electrões 2D acoplados,11 como camada de barreira para o tunelamento de electrões entre duas camadas de grafeno12 e em transístores de tunelamento vertical de grafeno.13 Sabe-se que os cristais de BN com uma espessura superior a seis camadas actuam como camadas isolantes de alta qualidade quando ensanduichados entre duas camadas de grafeno. O estudo do desempenho de camadas de BN ainda mais finas é de interesse fundamental considerável e tem potencial para novas aplicações, como dispositivos para eletrónica flexível, especialmente porque a espessura da camada pode, em princípio, ser controlada com precisão atómica.

Neste trabalho, investigamos as propriedades electrónicas de díodos túnel em que o h-BN actua como uma camada de barreira entre uma variedade de materiais condutores diferentes, como o grafeno, a grafite e o ouro. Demonstramos que uma única camada atómica de h-BN actua como uma barreira de túnel eficaz e que a probabilidade de transmissão da barreira de h-BN diminui exponencialmente com o número de camadas atómicas. As características corrente-tensão destes dispositivos mostram uma dependência linear I-V a baixa polarização e uma dependência exponencial a tensões aplicadas mais elevadas. Utilizámos também a microscopia de força atómica condutora (C-AFM) para medir a corrente de túnel através de terraços de h-BN de diferentes espessuras e verificámos que a corrente de túnel num determinado terraço é espacialmente uniforme e sem defeitos. Para investigar as propriedades electrónicas das barreiras BN, fabricámos vários tipos de dispositivos, sob a forma das seguintes estruturas em sanduíche: Au/BN/Au, grafeno/BN/grafeno, e grafite/BN/grafite. Para as amostras Au/BN/Au, fabricámos faixas de ouro com uma largura típica de 2 μm, a partir de uma bicamada metálica de Ti de 5 nm + Au de 50 nm depositada num substrato de Si/SiO2 em que a camada de óxido tinha 100 nm de espessura. De seguida, foram depositados flocos de BN sobre as bandas metálicas utilizando uma técnica de clivagem micromecânica. 1 A espessura dos flocos foi caracterizada por uma combinação de contraste ótico,8 espetroscopia Raman e métodos AFM.5 Foram identificados cristalitos de BN de diferentes espessuras que se sobrepunham aos contactos de ouro,8 e os contactos de topo (5 nm de Ti/50 nm de Au) foram depositados por litografia de feixe de electrões ou escrita a laser e evaporação por canhão de electrões. Utilizámos uma técnica alternativa para fabricar os dispositivos de grafeno/BN/grafeno e grafite/BN/grafite. Para formar o elétrodo inferior, foi utilizada a clivagem micromecânica1,5 para depositar flocos estreitos de grafeno (ou grafite) num substrato de SiO2. Quando necessário, os flocos foram estreitados por gravação reactiva por plasma através de uma máscara de poli(metacrilato de metilo). Os cristais de BN, preparados e caracterizados de forma semelhante, foram depositados sobre os flocos de grafeno (ou grafite) utilizando uma técnica de transferência a seco.7,10 O elétrodo superior de grafeno (ou grafite) foi transferido pelo mesmo método; (podia ser moldado antes da transferência para obter a área de sobreposição desejada). A Figura 1 mostra imagens representativas dos nossos dispositivos.

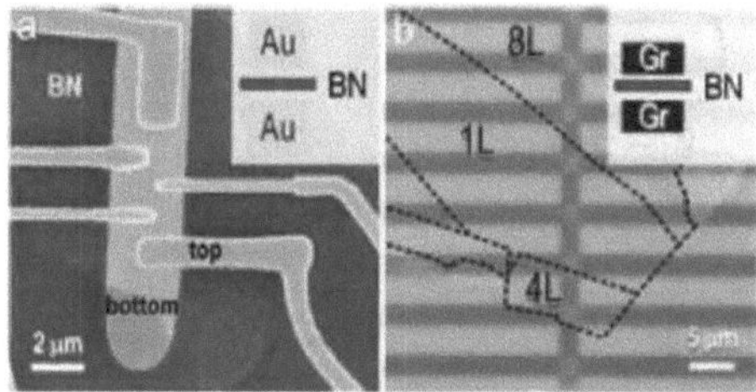

Figure 1. Micrographs of two of our devices. (A) A SEM micrograph of one of our Au/BN/Au devices (false colors). The bottom golden electrode is partly covered with six layers of BN (bluish area of irregular shape). Five top golden electrodes of different areas are then deposited on top of BN. Inset: schematic representation of the device. (B) An optical image of one of our graphite/BN/graphite devices. The bottom graphite layer is shaped by reactive plasma etching into several stripes of 2.5 μm width (horizontal purple lines). Thin BN layers have high transparency so the edges of BN crystallites with different numbers of layers are marked by black lines. Crossing of the top graphite layer (vertical purple line, 2.5 μm in width) forms several tunneling junctions with different thicknesses of BN. Inset: schematic representation of the device.

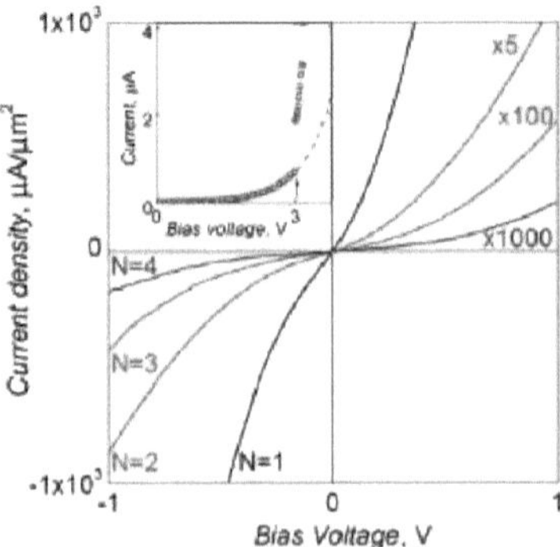

Figure 2. Characteristic $I-V$ curves for graphite/BN/graphite devices with different thicknesses of BN insulating layer: black curve, monolayer of BN; red, bilayer; green, triple layer; and blue, quadruple layer. Note the different scale for the four curves. Current was normalized by the realistic area of the tunneling barrier, which ranged $2-10$ μm^2 depending on the particular device. The inset shows a typical $I-V$ curve where a breakdown in the BN is observed at $+3$ V, the thickness of the flake is 4 layers of BN (1.3 nm). The dotted line indicates the continuation of the exponential dependence.

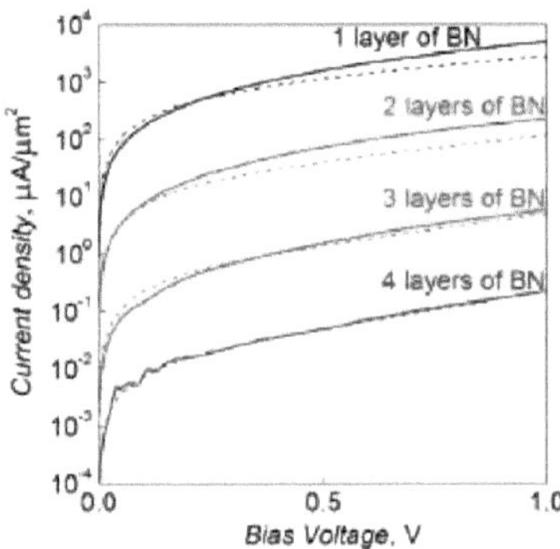

Figure 3. Same as Figure 2, just in log scale. Solid curves are experimental data, and dashed lines are our modeling. Only one fitting parameter for all four curves was used.

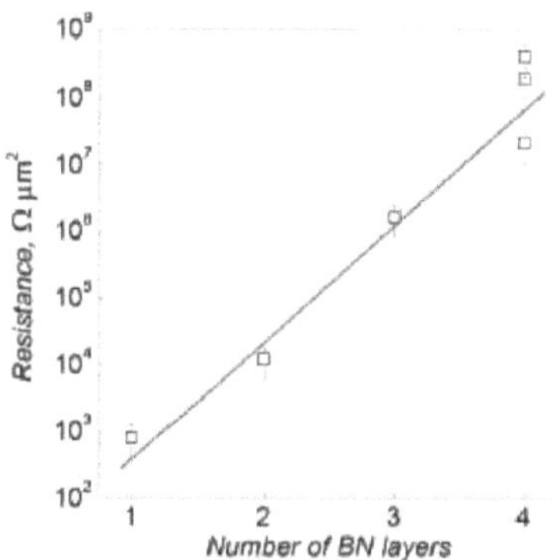

Figure 4. Exponential dependence of zero-bias resistance on the thickness of BN separating graphite and gold electrodes (1−4 layers of BN, 0.3−1.3 nm). Resistance is normalized to the area, which ranged 2−10 μm^2 depending on the particular device.

Os resultados mais fiáveis foram obtidos com grafeno ou grafite como camadas de contacto; para estes dispositivos, a corrente medida foi escalada com precisão com a área do dispositivo. No entanto, com contactos de ouro, os dados são um pouco menos reprodutíveis. Atribuímos esta diferença à planura atómica das camadas de grafeno e grafite. Em contrapartida, a barreira de túnel BN pode delaminar-se mecanicamente da superfície rugosa da camada metálica, conduzindo assim a uma alteração da área da superfície ativa do dispositivo e a uma redução da corrente de túnel. Como mostram as Figuras 2 e 3, as curvas I-V de todos os nossos dispositivos são lineares em torno da polarização zero, mas têm uma dependência exponencial de V em polarizações mais elevadas. A condutividade de polarização zero para cada tipo de dispositivo aumenta exponencialmente com a espessura da barreira de BN e é da ordem de 1 kΩ-1 μm-2 para uma monocamada de BN ensanduichada entre eléctrodos de ouro e grafite, diminuindo para aproximadamente 0,1 GΩ-1 μm-2 demonstrou aqui um método para fabricar dispositivos com barreiras de túnel atomicamente finas, clivando alguns flocos de camada de um cristal de h-BN e transferindo-os sem contaminação para uma camada de elétrodo de contacto adequada, nomeadamente grafeno, grafite ou Au montado num substrato de Si/SiO2. É possível fabricar uma variedade de dispositivos utilizando diferentes combinações destes materiais para os eléctrodos superior e inferior. As nossas medições da corrente de túnel de electrões através da barreira demonstram que as películas de BN actuam como uma boa barreira de túnel até um único plano atómico. As medições de corrente e tensão foram feitas para diferentes espessuras de BN, de uma a quatro camadas atómicas. As curvas I-V são lineares a baixa polarização, mas assumem uma dependência exponencial a uma polarização mais elevada (>0,5 V). A corrente de tunelamento é exponencialmente dependente da espessura da barreira BN, como esperado para o tunelamento quântico. As nossas medições C-AFM indicam que a corrente de túnel é uniforme quando a ponta é varrida através de áreas à escala micrométrica de uma camada atómica de BN plana, indicando uma ausência de buracos e defeitos no cristal de BN. Concluímos que o h-BN é um material de barreira de alta qualidade, ultrafino e de baixa constante dieléctrica, com grande potencial para utilização em novos dispositivos de tunelamento de electrões e para a investigação de eléctrodos fortemente acoplados e estreitamente separados de diferentes composições (grafeno, grafite ou metal). De particular interesse é a possibilidade de estudar as propriedades electrónicas de duas camadas de grafeno estreitamente espaçadas e separadas por uma barreira de BN com uma ou mais espessuras de camada atómica.

15. Factos e hipóteses do tunelamento químico molecular

as semelhanças e diferenças entre o tunelamento eletrão-nuclear e o tunelamento molecular são descritas inter de radiação transição eletrónica exemplo do limite de baixa temperatura numa taxa de reação química observada em 1973 o facto subjacente ao tunelamento molecular pode ser obtido através do estudo da re-ligação fe-Uma das consequências mais importantes das propriedades ondulatórias da matéria é o tunelamento, ou seja, a capacidade de as partículas penetrarem na barreira de potencial cuja altura excede a energia cinética das partículas. O conceito de tunelamento teve a sua primeira aplicação bem sucedida em fenómenos nucleares como o decaimento alfa, que contém a estação e a reação termonuclear, e mais tarde contribuiu grandemente para a física do estado sólido, para a eletrónica e, mais recentemente, para a cosmologia.

conversões químicas

A localização de uma partícula entre dois poços de potencial idênticos e a contribuição do tunelamento para as taxas de reação química devem ser particularmente significativas a baixa temperatura porque, de acordo com a lei de Arrhenius, a taxa de transição clássica sobre a barreira diminui exponencialmente com a diminuição da temperatura.A probabilidade de um simples tunelamento de subportadoras disparar à medida que a temperatura se aproxima de zero kelvin. Diferentes tratamentos teóricos deixam no limite a taxa média estatística de tal translação de para o seu completo desaparecimento a baixa temperatura e o tunelamento não produz necessariamente a baixa temperatura das taxas de conversão química, no entanto a sua ocorrência é um argumento muito forte a favor do mecanismo de tunelamento quântico da convergência. Para melhor compreender o tunelamento de electrões podemos assumir uma condição em que a fina camada dieléctrica que rompe o circuito eletrónico, em vez da transferência de reagente na reação química, a situação geral é muito mais complexa porque o tunelamento químico de electrões está relacionado com a deslocação da resposta e temos de considerar a possível violação do princípio de franck condon. Devemos sublinhar que a palavra reação química descreve uma transformação que inclui a reconstrução da molécula, a disposição espacial dos átomos e todas as características principais da ligação de valência, a sua multiplicação e natureza. Para compreender o tunelamento no corpo isotópico, um dos novos tópicos da cinética química macroscópica que pode resultar do tunelamento é a iniciação a frio da explosão térmica por alta pressão que é possível que, em alguns casos, a transição habitual da difusão da razão cinética, cuja temperatura decrescente será complementada por um retorno da difusão recente abaixo da temperatura de tunelamento. Neste sentido, poder-se-ia aumentar significativamente o número de reacções possíveis a baixa temperatura em muitas classes, como, por exemplo, a possibilidade de polimerização à superfície das bebidas, com a formação de um polímero muito fino à volta dos olhos sujos.como eu protegeria a superfície deste em uma razão de ambos condensação e sublimação para avaliação química e prebiótica a reação de policondensação em x** Eu saí com a participação de CH2O,HCN,HNC,NH3 e H2OAap de interesse tal reação leva à formação de aminoácidos polipeptídeos açúcar e bases de nucleotídeos eles são exotérmicos, mas não no tempo.

não há razões para que possa existir um mecanismo de tunelamento molecular puro para esta reação; a taxa de tunelamento diminui abruptamente até um limite extremamente pequeno com o aumento de vários pesos e massas, mas numa única etapa de uma conversão química que representa um processo elementar em fase gasosa.

A formação de túneis na reação química pode ser compreendida se se tiver em conta que, se um determinado produto for formado como etapa final de uma conversão química e se cada uma das conversões for estimulada por um estímulo externo, o ano do produto será mais pequeno do que o número de moléculas que entram na cadeia de comprimento L.A formação de biopolímeros, mesmo os mais complexos, em poeiras interestelares não garante a sua conversão durante a formação de novas estrelas e planetas, quando as nuvens densas não podem ser carregadas, por exemplo, por tempestades que se alimentam da superfície de um planeta a uma determinada temperatura no seu nível de evolução. significa pela existência de tal possibilidade adicional aberta de conversão química não só no frio mas também em fontes de aquecimento tais como a integração de moléculas em onda de choque na reação e na vizinhança de transição de fase que copiou durante o efeito de aquecimento e arrefecimento alternado e condição favorável para o mais recente eu seria fornecido por exemplo pelo transporte múltiplo de composto orgânico estável entre circumstellar é uma nuvem interestelar assim agora nós podemos entender como o tunelamento quântico está participando no fundo cósmico e na formação de síntese orgânica. O mecanismo de tunelamento explora a nossa compreensão sobre vários tipos de síntese de reacções em eletrónica e, agora, no fundo cósmico, também a importância do tunelamento é descrita neste livro e tenta explorar a perspetiva futura e a nova dimensão que conduziria o investigador no domínio de vários sítios interdisciplinares

Referência

J. O. Alben , D. Beece , S. F. Bowne , L. Eisenstein , H. Frauenfelder , D. Good , M. C. Marden , P. P. Moh , L. Reinisch , A. H. Reynolds &K. T. Yue (1980). Efeito isótopo no tunelamento molecular. *Phys. Rev.Lett.* 44, 1157-1160.

N. Alberding , R. H. Austin , K. W. Beeson , S. S. Chan , L. Eisenstein , H. Frauenfelder & T.

M. Nordlund (1976). Tunneling in ligand binding to heme proteins. *Science*, N.Y.192, 1002-1003.

S. A. Alkaitis , M. Gratzel & A. Henglein (1975). Fotoionização a laser de fenotiazina em solução micelar.

II. Mecanismo e reacções redox induzidas pela luz com quinonas. *Ber. Bunsenges. Phys. Chem.* 79, 541-546

G. C. Allen & N. S. Hush (1967). Absorção por transferência de intervalo. i. Evidência qualitativa para absorção por transferência de intervalo em sistemas inorgânicos em solução e no estado sólido. *Prog. Inorg. Chem.* 8, 357-389.

P. W. Anderson (1950). Antiferromagnetismo. Teoria da interação de supertroca. *Phys. Rev.* 79, 350-356.

P. W. A'nderson & J. M. Rowell (1963). Observação provável do efeito de tunelamento supercondutor de Josephson. *Phys. Rev. Lett.* 10, 230-232.

W. Arnold & R. K. Clayton (1960). O primeiro passo na fotossíntese: evidência de sua natureza eletrônica. *Proc. natn. Acad. Sci. U.S.A.* 46, 769-776.

R. H. Austin , K. W. Beeson , L. Eisenstein , H. Frauenfelder & I. C. Gunsalus (1975). Dinâmica da ligação do ligante à mioglobina. *Biochemistry* 14, 5355-5573.

R. H. Austin , K. W. Beeson , L. Eisenstein , H. Frauenfelder , I. C. Gunsalus & V.

P. Marshall (1974). Espectro de energia de ativação de uma biomolécula: fotodissociação da mioglobina carbono-monoxi a baixas temperaturas. *Phys. Rev. Lett.* 32, 403-405.

S. G. Ballard & D. Mauzerall (1980). Ionogénese fotoquímica em soluções de octaetilporfirina de zinco. *J. chem. Phys.* 72, 933-947.

J. Bardeen (1961). Tunneling de um ponto de vista de muitas partículas. *Phys. Rev. Lett.* 6, 5-5.

J. Bardeen , L. N. Cooper & J. R. Schrieffer (1957). Teoria da supercondutividade. *Phys. Rev.* 108, 1175-1204.

J. A. Bassham , A. A. Benson , L. D. Kay , A. Z. Harris , A. T. Wilson & M. Calvin (1954). The path of carbon in photosynthesis. XXI. A regeneração cíclica do aceitador de dióxido de carbono. *J. Am. chem. Soc.* 76, 1760-1770.

C. E. H. Bawn & G. Ogden (1934). Efeitos mecânicos das ondas e a reatividade dos isótopos de hidrogénio. *Trans. Faraday Soc.* 30, 432-443.

J. V. Beitz & J. R. Miller (1979). Restrições de taxa exotérmica na transferência de elétrons em um meio rígido. *J. chem. Phys.* 71, 4579-4595.

R. P. Bell (1933) The application of quantum mechanics to chemical kinetics. *Proc. R. Soc. Lond.* A 139, 466474.

R. P. Bell (1935). Efeitos da mecânica quântica em reacções envolvendo hidrogénio. *Proc. R. Soc. Land.* A 148, 241-250.

M. Bixon & J. Jortner (1968). Transições intramoleculares sem radiação. *J. chem. Phys.* 48, 715-726.

R. E. Blankenship , T. J. Schaafsma & W. W. Parson (1977). Efeitos do campo magnético em intermediários de pares radicais na fotossíntese bacteriana. *Biochim. biophys. Ata* 461, 297-305.

L. A. Blumenfeld & D. S. Chernavskii (1973). Tunelamento de electrões em processos biológicos. *J. theor.*

Biol. 39, 1-7.

N. K. Boardman & J. M. Anderson (1964). Isolamento de cloroplastos de espinafre de partículas contendo diferentes proporções de clorofila a e clorofila b e seu possível papel nas reações de luz da fotossíntese. *Nature*, Lond.203, 166-167.

R. A. Bogomolni & M. P. Klein (1975). Portadores de carga móveis na fotossíntese. *Nature*, Lond.258, 88-89.

D. G. Bourgin (1929). Reacções unimoleculares. *Proc. natn. Acad. Sci. U.S.A.* 15, 357-362.

A. D. Brailsford & T. Y. Chang (1970). Decaimento não radiativo de níveis vibrónicos individuais em grandes moléculas. *J. chem. Phys.* 53, 3108-3113.

A. S. Brill (1978). Ativação de reacções de transferência de electrões das blueproteins. *Biophys. J.* 22, 139-142.

B. Brocklehurst (1973). Um modelo de túnel de electrões para a recombinação de iões radicais de hidrocarbonetos aromáticos em solventes não polares. *Chem. Phys.* 2, 6-18.

B. Brocklehurst , D. C. Bull & M. Evans (1975). Termoluminescência de soluções de esqualano após irradiação y. *J. Chem. Soc., Far. Trans. II,* 71, 543.

J. N. Bronsted (1928). Acid and basic catalysis. *Chem. Rev.* 5. 231-338

B. C. Bunker , R. S. Drago , D. N. Hendrickson , R. M. Richman & S. L. Kessell (1978). Evidência experimental de valências presas em um complexo de valência mista μ-pirazina-bis (penta-amminerutênio) tosilato. Resultados de ressonância paramagnética eletrónica, suscetibilidade magnética e ressonância magnética nuclear. *J. Am. chem. Soc.* 100, 3805-3814.

E. Burstein & S. Lundqvist (eds.) (1969). *Tunneling Phenomenon in Solids.* New York: Plenum.

J. Butler , G. G. Jayson & A. J. Swallow (1975). A reação entre o radical anião superóxido e o citocromo c. *Biochim. biophys. Ata* 408, 215-222.

W. L. Butler (1973). Fotoquímica primária do fotossistema II da fotossíntese. *Acc. Chem. Res. 6,* 117184.

G. V. Buxton & K. G. Kemsley (1976). Radiólise por impulsos a baixa temperatura de soluções aquosas concentradas. *J. chem. Soc. Far. Trans. 1,* 72, 466-480.

M. Calvin & P. B. Sogo (1957). Processo de conversão quântica primária na fotossíntese: ressonância de spin de electrões. *Science,* N.Y. 125, 499-500.

B. Chance & M. Nishimura (1960). On the mechanism of chlorophyllcytochrome interaction: the Temperature insensitivity of light-induced cytochrome oxidation in chromatium. *Proc. natn. Acad. Sci. U.S.A.* 46, 19-24.

B. Chance , C. Saronio & J. S. Leigh Jr, (1975). Intermediário funcional na reação de citocromo oxidase e oxigénio. *Proc. natn. Acad. Sci. U.S.A.,* 72, 1635-1640.

E. C. M. Chen & W. E. Wentworth (1975). A comparison of experimental determinations of electron affinities of P1 charge transfer complex acceptors. *J. chem. Phys.* 63, 3183-3194.

M. S. Child (1967). Consequências mensuráveis de um mergulho na barreira de ativação para uma reação química adiabática. *Molec. Phys.* 12, 401-416.

M. Chou , C. Creutz & N. Sutin (1977). Constantes de taxa e parâmetros de ativação para reacções de transferência de electrões na esfera exterior e comparações com as previsões da teoria de Marcus. *J. Am. chem. Soc.* 99 5615-5623.

ST. G. Christov (1975). Teoria quântica dos processos de transferência de electrões em solução. *Ber. Buns. Gesellschaft* 79, 357-371.

J. Clarke (1974). Detectores de junção Josephson. *Science*, N.Y.184, 1234-1242.

R. K. Clayton & D. Devault (1972). Efeitos da alta pressão nos centros de reação fotoquímica de Rhodopseudomoflas spheroides. *Photochem.& Photobiol.* 15, 165-75.

R. K. Clayton & R. T. Wang (1971). Centros de reação fotoquímica de Rhodopseudomonas spheroides. Em *Methods in EnzymologY*, 23 (ed. S. P. Colwick , N. Kaplan e A. San Pietro), pp. 696-704. Nova Iorque: Academic.

R. K. Clayton & H. F. Yau (1972). Transporte fotoquímico de electrões em centros de reação fotossintéticos de Rhodopseudomonas spheroides. I. Cinética da oxidação e redução de P-870 como afetada por factores externos. *Biophys. J.* 12, 867-881.

M. H. Cohen , L. M. Falicov & J. C. Phillips (1962).Superconductive tunneling. *Phys. Rev. Lett.* 8, 316-318.

E. U. Condon (1926). Uma teoria da distribuição de intensidade em sistemas de bandas. *Phys. Rev.* 28, 1182-1201.

E. U. Condon (1928). Movimentos nucleares associados a transições de electrões em moléculas diatómicas. *Phys. Rev.* 32, 858-872.

F. W. Cope (1965 a). Uma teoria generalizada de enzimas de condução de electrões particulados aplicada à citocromo oxidase. Uma teoria do transporte acoplado de electrões e/ou iões aplicada à piruvato carboxilase. *Bull, math. Biophys.* 27,237-252.

F. W. Cope & K. D. Straub (1969). Cálculo e medição da energia de ativação da semi-condução e da mobilidade dos electrões na citocromo oxidase, com provas de que os portadores de carga são polarões, que podem acoplar a oxidação à fosforilação. *Bull, math. Biophys.* 31, 761-772.

W. A. Cramer , J. Whitmarsh & P. Horton (1979). Cytochrome b in energy-transducing membranes. Em *The Porphyrins*, vol. VII (ed. D.Dolphin), pp. 71-106. New York: Academic Press.

C. Creutz & N. Sutin (1977). Vestígios da "região invertida" para reacções de transferência de electrões altamente exergónicas. *J. Am. chem. Soc.* 99,241-243.

M. A. Cusanovich & R. G. Bartsch (1969). Um citocromo c de alto potencial de Chromatium chromatophores. *Biochim. biophys. Acta189*, 245-255.

D. Devault , J. H. Parkes & B. Chance (1967). Electron tunnelling in cytochromes. *Nature*, Lond.215, 642644.

D. L. Dexter (1953). A theory of sensitized luminescence in solids *J. chem.Phys.* 21, 836-850.

P. A. M. Dirc (1927). A interpretação física da dinâmica quântica. *Proc.*

R. Soc. Lond. A 113, 621641.

R. R. Dogonadze , A. M. Kuznetsov & M. A. Vorotyntsev (1972 a). Sobre a teoria das transições não radiativas em meios polares. I. Processos sem ‘mistura’ de graus de liberdade quânticos e clássicos. *Phys. Status Solids* B 54, 125-134.

R. R. Dogonadze , J. Ulstrup & Yu. I. Kharkats (1973 b). Uma teoria das reacções de transferência de electrões em meios polares assistidas por pontes entre moléculas com espectros de energia eletrónica quase contínuos. *J. theor.*

Biol. 40, 279-283.

D. H. Douglass Jr, (1961). Medição experimental direta da dependência do campo magnético do intervalo de energia supercondutora do alumínio. *Phys. Rev. Lett.* 7, 14-16.

C. B. Duke (1969). *Tunneling in Solids*. New York: Academic Press.

J. L. Dunham (1932). O método de Wentzel-Brillouin-Kramers para resolver a equação de onda. *Phys. Rev.* 41, 713-720.

P. L. Dutton (1971). Dependência do potencial de oxidação-redução da interação de citocromos, bacterioclorofila e carotenóides a 77K em cromatóforos de *Chromatium D e Rhodopseudomonas gelatinosa. Biochim. biophys. Ata* 226, 63-80.

P. L. Dutton , K. J. Kaufmann , B. Chance & P. M. Rentzepis (1975). Cinética de picossegundos da banda de 1250 nm do centro de reação de Rps. sphaeroides: a natureza do estado intermediário fotoquímico primário. *FEBS Lett.* 60, 275-280.

P. L. Dutton , T. Kihara , J. A. Mccray & J. P. Thornber (1971). Citocromo C553 e interação bacteriociorofila a 77 ° K em cromatóforos e uma preparação de subcromatóforos de Chromatium D. *Biochim. biophys. Ata* 226, 81-87

P. L. Dutton , J. S. Leigh & M. Seibert (1972). Processos primários na fotossíntese: estudos ESR in situ sobre o estado oxidado e tripleto induzido pela luz do centro de reação bacteriociorofila. *Biochem. biophys.*

Res.Comm. 46, 406-413.

K. Eckart (1930). A penetração de uma barreira potencial por electrões. *Phys.Rev.* 35, 1303-1309.

D. D. Eley & G. D. Parfitt (1955). A semicondutividade de substâncias orgânicas, parte 2. *Trans. Faraday Soc.* 51, 1529-1539.

D. O. Eley , G. D. Parfitt , M. H. Perry & D. H. Taysum (1953). A semicondutividade de substâncias orgânicas, parte i. *Trans. Faraday Soc.*

49, 79-86.

D. Emin (1975). Taxas de transição assistidas por fonões. I. Saltos assistidos por fões ópticos em sólidos. *Adv. Phys.* 24, 305-348.

R. Englman & J. Jortner (1970). A lei do gap de energia para transições sem radiação em moléculas grandes. *Molec. Phys.* 18, 145-164.

M. Erecinska , J. K. Blasie & D. F. Wilson (1977). Orientação dos hemes da citocromo c oxidase e do citocromo c na mitocôndria. *FEBSLett.* 76, 235-239.

M. Erecinska & B. Chance (1972). Estudos sobre a cadeia de transporte de electrões a temperaturas negativas: transporte de electrões no local III. *ArchsBiochem. Biophys.* 151, 304-315.

M. Erecjnska , D. F. Wilson & J. K. Blasie (1978). Estudos sobre as orientações dos transportadores redox mitocondriais. L Orientação dos hemes da citocromo c oxidase em relação ao plano de uma membrana modelo citocromo oxidase-lípido. *Biochim. biophys. Ata* 501, 53-62.

L. Esaki (1958). Novo fenómeno em junções p-n estreitas de germânio. *Phys. Rev.* 109, 603-604.

L. Esaki (1974). Longa jornada para o tunelamento. *Science*, N.Y.183, 1149-1155.

M. C. W. Evans , S. G. Reeves & R. Cammack (1974). Determinação do potencial de oxidação-redução das proteínas de ferro-enxofre ligadas ao complexo aceitador de electrões primário do fotossistema I em cloroplastos de espinafre. *FEBSLett.* 49, 111-1144.

M. C. W. Evans , C. K. Sihra & R. Cammack (1976). As propriedades do aceitador de electrões primário no centro de reação do fotossistema I dos cloroplastos de espinafre e a sua interação com P700 e a ferredoxina ligada em vários estados de oxidação-redução. *Biochem. J.* 158, 71-77.

R. X. Ewall & L. E. Bennett (1974). Características de reatividade do citocromo c (III) induzidas pela sua redução pelo ião hexammineruténio (11). *J. Am. chem. Soc.* 96, 940-942.

H. Eyring (1935 a). O complexo ativado em reacções químicas. *J. chem. Phys.* 3, 107-115.

H. Eyring (1935b). O complexo ativado e a velocidade absoluta das reacções químicas. *Chem. Rev.* 17, 65-77.

A. H. Fawcett (1975). Polímeros de formaldeído no espaço interstelar. *Nature*, Lond.257, 159.

G. Feher (1971). Algumas propriedades químicas e físicas de uma partícula do centro de reação bacteriano e dos seus reactores fotoquímicos primários. *Photochem. & Photobiol.* 14, 373-387.

B. A. Feinberg , M. D. Ryan & J. F. Wet (1977). Estudo comparativo cinético-força iónica de dois citocromos c com cargas diferentes: os efeitos são limitados à carga total. *Biochem. biophys. Res. Commun.* 79, 769-775.

H. Fischer , G. M. Tom & H. Taube (1976). Transferência intramolecular de electrões mediada por 4,4'-bipiridina e grupos de ligação relacionados. *J. Am. chem. Soc.* 98, 5512-5527

S. F. Fischer & R. P. Van DUYNE (1977). Sobre a teoria das reacções de transferência de electrões. O sistema naftaleno /TCNQ. *Chem. Phys.*26, 9-16.

M. D. Fiske (1964). Dependências de temperatura e campo magnético da corrente de tunelamento de Josephson. *Rev, mod. Física* 36, 221-222.

R. A. Floyd , A. Bronsdon & B. Commoner (1973). Sinais ESR durante a irradiação X de tecido: suas características e relação com o estado canceroso. *Ann. N.Y. Acad. Sci.* 222, 1077-1086.

R. A. Floyd , B. Chance & D. Devault (1971). Reacções foto-induzidas a baixa temperatura em folhas verdes e cloroplastos. *Biochim. biophys. Ata* 226, 103-112.

R. A. Floyd & L. M. Soong (1977). Intermediário de radical livre obrigatório na ativação oxidativa do carcinogéneo N-hidroxi-2-acetilamino-fluoreno. *Biochim. biophys. Ata* 498, 244-249.

R. H. Fowler & L. Nordheim (1928). Emissão de electrões em campos eléctricos intensos. *Proc. R. Soc. Lond.* A 119, 173-181.

J. Franck (1925). Processos elementares de reacções fotoquímicas. *Trans.Faraday Soc.* 21, 536-542.

A. J. Frank , M. Gratzel , A. Henglein & E. Janata (1976). Reacções de transferência de electrões de pireno singlete e triplete em micelas com vários aniões radicais em solução aquosa. *Ber. Bungsenges Phys. Chem.* 80, 294-300.

W. Franz (1967). Duração do processo de tunelamento simples. *Phys. Status Solids* 22, K 139-140.

H. Frauenfelder (1978). Princípios da ligação de ligandos a proteínas heme. Em *Methods in Enzymology* 54 E (ed. S. Fleischer e L. Packer), pp. 506-532. Nova Iorque: Academic Press.

H. Frauenfelder , G. A. Petsko & D. Tsernoglou (1979). A difração de raios X revela a dinâmica estrutural das proteínas. *Nature*, Lond.280, 558-563.

K. F. Freed (1978). Transições sem radiação em moléculas. *Acc. Chem. Res.II*, 74-80.

A. W. Frenkel (1970). Bacterial photosynthesis. *Biol. Rev.* 45, 569-616.

T. A. Fulton , R. C. Dynes & P. W. Anderson (1973). O flux shuttle - um registo de mudança de junção Josephson que emprega quanta de fluxo único. *Proc.IEEE* 61, 28-35.

R. M. Fuoss (1958). associação lónica. III. O equilíbrio entre pares de iões e iões livres. *J. Am. chem. Soc.* 80, 5059-5061.

I. Giaever (1960b). Tunelamento de electrões entre dois supercondutores. *Phys. Rev. Lett.* 5, 464-466.

I. Giaever (1974). Electron tunneling and superconductivit, *Science*, N.Y.183, 1253-1258.

I. Giaever , H. R. Hart Jr, & K. Megerle (1962). Tunneling into super-conductors at temperatures below K. *Phys. Rev.* 126, 941-948.

R. M. Glaeser & R. S. Berry (1966). Mobilidades de electrões e buracos em sólidos moleculares orgânicos. Comparação de modelos de bandas e de saltos. *J. chem. Phys.* 44, 3797-3810.

V. I. Goldanskll (1976). Reacções químicas a temperaturas muito baixas. *A. Rev. phys. Chem.* 27, 85-126.

V. L Goldanskii (1979 b). Factos e hipóteses do tunelamento químico molecular. *Nature*, Lond.279, 109-115.

V. I. Goldanskii , M. D. Frank-kamenetskii & I. M. Barkalov (1973). Limite quântico a baixa temperatura de uma taxa de reação química. *Science*, N.Y.182, 1344-1345.

M. Gouterman (1962). Transições sem radiação: um modelo semiclássico. *J. chem. Phys.* 36, 2846-2853.

R. Govindjee , W. R. Smith & Govindjee (1974). Interação de corantes viologénicos com cromatóforos e preparações de centros de reação de Rhodospirillum rubrum. *Photochem. & Photobiol.* 20, 191-199.

R. Govindjee & C. Sybesma (1972). A fotorredução do dinucleótido de nicotinamida-adenina por fracções de cromatóforos de *Rhodospirillum rubrum. Biophys. J.* 12, 897-908.

R. K. Gupta & T. Yonetani (1973). Estudo de ressonância magnética nuclear da interação do citocromo c com a citocromo cperoxidase. *Biochim.biophys. Ata* 292, 502-508.

R. W. Gurney (1931). A mecânica quântica da eletrólise. *Proc. R. Soc.* Lond. A134, 137-154.

R. W. Gurney & E. U. Condon (1928) Wave mechanics and radioactive disintegration. *Nature*, Lond.122, 439

B. J. Hales (1976). Dependência da temperatura da taxa de transporte de electrões como monitor do movimento das proteínas. *Biophys. J.* 16, 471-480.

P. K. Hansma & R. V. Coleman (1974). Espectroscopia de compostos biológicos com tunelamento elétrico inelástico. *Science*, N.Y.184, 1369-1371.

T. Hayashi , N. Mataga , T. Umemoto , Y. Sakata & S. Misumi (1977 a). Fenómenos de polarização induzidos por solventes no estado excitado de sistemas compostos com metades idênticas. 2. Efeitos da polaridade sobre a fluorescência do [2.2] (1,3) pirano. *J. phys. Chem.* 81, 424-429.

W. Heitler & F. London (1927). Wechselwirkung neutraler Atome und homoopolare Bindung nach der Quantenmechanik. *Z. Phys.* 44, 455-472.

A. Henglein (1975). Estimativa das funções de distribuição dos níveis electrónicos redox e da taxa de reacções químicas de excesso de electrões em líquidos dieléctricos. *Ber. Bunsenges Ges. phys. Chem.* 79, 129-135.

J. Hinatu , H. Masuhara , N. Mataga , Y. Sakata & S. Misumi (1978). Espectro de absorção de sistemas exciplex inter e intramoleculares de pireno e N, N-dimetilanalina em soluções alcoólicas. *Bull. chem. Soc. Japan* 51, 1032-1036.

T. Hiyama & B. Ke (1971). Um novo pigmento fotossintético, 'P430': seu possível papel como o aceitador primário do fotossistema I. *Proc. natn. Acad. Sci. U.S.A.* 68, 1010-1013.

W. D. Hobey & A. D. Mclachlan (1960). Efeito dinâmico de Jahn-Teller em radicais de hidrocarbonetos. *J. chem. Phys.* 33, 1695-1703.

H. L. Hodges , R. A. Holwerda & H. B. Gray (1974). Estudos cinéticos da redução do ferricitocromo c pelo Fe(EDTA)2. *J. Am. chem. SOC.* 96, 3132-3137.

A. J. Hoff , H. Rademaker , Grondelle R. Van & L. N. M. Duysens (1977). Sobre a dependência do campo magnético do rendimento do estado tripleto em centros de reação de bactérias fotossintéticas. *Biochim. biophys. Ata* 460, 547554

N. Holonyak , A. Lesk , R. N. Hall , J. J. Tiemann & Ehrenreich (1959). Observação direta de fonões durante o tunelamento em díodos de junção estreita. *Phys. Rev. Lett.* 3, 167-168.

T. Holstein (1952). Mobilidades de iões positivos nos seus gases de origem. *J. Phys. Chem.* 56, 832-836.

T. Holstein (1959 b). Estudos do movimento do polaron. II. O "pequeno" polaron. *Ann. Phys.* (N. Y.) 8, 343-389.

D. Holten , M. Gouterman , W. W. Parson , M. W. Windsor & M. G. Rockley (1976). Transferência de electrões de bacteriofeofitina fotoexcitada singlete e triplete. *Photochem. & Photobiol.* 23, 415-423.

D. Holten , M. W. Windsor , W. W. Parson & M. Gouterman (1978 a). Models for bacterial photosynthesis: electron transfer from photo- excited singlet bacteriopheophytin to methyl viologen and m-dinitro- benzene. *Photochem. & Photobiol.* 28, 951-961.

D. Holten , M. W. Windsor , W. W. Parson & J. P. Thornber (1978 b). Processos fotoquímicos primários em centros de reação isolados de Rhodo pseudomonas viridis. *Biochim. biophys. Ata* 501, 112-126.

B. Honig , T. Ebrey , R. H. Callender , U. Dinur & M. Ottolenghi (1979). Photoisomerization, energy storage, and charge separation: Um modelo para a transdução de energia luminosa em pigmentos visuais e bacteriorhodopsina. *Proc. natn. Acad. Sci.* U.S.A.76, 2503-2507.

J. J. Hopfield (1974). Transferência de electrões entre moléculas biológicas por tunelamento termicamente ativado. *Proc. natn. Acad. Sci.* U.S.A.71, 3640-3644.

J. J. Hopfield (1979). Transferência de carga foto-induzida. Um teste crítico do mecanismo e da gama de processos biológicos de transferência de electrões. *Biophys. J.* 18, 311-321.

J. A. Hornbeck (1952). Transferência de carga e mobilidade de iões de gases raros. *J. phys. Chem.* 56, 829-831

R. A. Horne (1963). Cinética da reação de troca de electrões ferro (II)- ferro (III) em meios gelados. *J. inorg. nucl. Chem.* 25, 1139-1146.

K. Huang & A. Rhys (1950). Teoria da absorção de luz e transições não radiativas em centros F. *Proc. R. Soc.* Lond. A 204, 406-423.

F. Hund (1927). Zur Deutung der Molekelspektren. III. Bemerkungen uber das Schwingungs- und Rotationsspectrum bei Molekeln mit mehr als zwei Kernen. *Z. Phys.* 43, 805-826.

D. Huppert , P. M. Rentzepis & G. Tollin (1976). Cinética de picossegundos de soluções de clorofila e clorofila/quinona em etanol. *Biochim. biophys. Ata* 440, 356-364.

N. S. Hush (1958). Processos de taxa adiabática em eléctrodos. I. Relações energia-carga. *J. chem. Phys.* 28, 962-72.

N. S. Hush (1961). Teoria adiabática das reacções de transferência de electrões de esfera externa em solução. *Trans. Faraday Soc.* 57, 557-580.

N. S. Hush (1967). Absorção por transferência de intervalo. 2. Considerações teóricas e dados espectroscópicos. *Prog. Inorg. Chem.* 8, 391-444.

S. S. Isied & H. Taube (1973). Taxas de transferência intramolecular de electrões. *J. Am. chem. Soc.* 95, 8198-8200.

S. Itoh (1978). Potencial da superfície da membrana e reatividade do aceitador de electrões primário do sistema II a transportadores de electrões carregados no meio. *Biochim. biophys. Ata* 504, 324-340.

C. A. Jacks , L. E. Bennett , W. N. Raymond & W. Lovenberg (1974). Transferência de electrões para a rubredoxina clostridial: cinética da redução por hexaamineruténio (II); iões vanadous e chromous. *Proc. natn. Acad. Sci.* U.S.A.71, 1118-1122.

R. C. Jaklevic & J. Lambe (1966). Espectros de vibração molecular por tunelamento de electrões. *Phys. Rev. Lett.* 17, 1139-1140.

P. Jordan (1927 a). Uber eine neue Begrandung der Quantenmechanik. *Z. Phys.* 40, 809-838.

P. Jordan (1927 b). Uber eine neue Begrundung der Quantenmechanik: II. *Z. Phys.* 44, 1-25.

J. Jortner (1976). Energia de ativação dependente da temperatura para a transferência de electrões entre moléculas biológicas. *J. chem. Phys.* 64, 4860-4867.

J. Jortner & J. Ulstrup (1979). Dinâmica da transferência não-adiabática de átomos em sistemas biológicos. Ligação do monóxido de carbono à hemoglobina. *J. Am. them. Soc.* 101, 7744-7754.

B. D. Josephson (1974). A descoberta das supercorrentes de tunelamento. *Science*, N.Y.184, 527-530.

W. Junge & D. Devault (1975). Simetria, orientação e mobilidade rotacional no heme a3 da citocromo c oxidase na membrana interna da mitocôndria. *Biochim. biophys. Ata* 408, 200-214.

P. Jursinic & Govindjee (1977). Dependência da temperatura da emissão de luz retardada na faixa de 6 a 340 microssegundos após um único flash em cloroplastos. *Photochem. & Photobiol.* 26, 617-628.

V. Kampars & O. Neilands (1977). The electron affinities of organic electron acceptors. *Russ. chem. Revs* 46, 503-513. (Usp. Khim.46,945-966.)

K. Kano , K. Takuma , T. Ikeda , D. Nakajima , Y. Tsutsui & T. Matsuo (1978). Fotorredução de antraquinonasulfonato sensibilizada pela tetrafenilporfirina de zinco em soluções micelares aquosas. *Photochem. & Photobiol.* 27, 695-701.

K. J. Kaufmann , P. L. Dutton , T. L. Netzel , J. S. Leigh & P. M. Rentzepis (1975). Cinética de picossegundos de eventos que levam à oxidação da bacteriociorofila do centro de reação. *Science*, N.Y.188, 1301-1304.

K. J. Kaufmann , K. M. Petty , P. L. Dutton & P. M. Rentzepis (1976). Cinética de picossegundos em centros de reação de Rps. sphaeroides e os efeitos da extração e reconstituição de ubiquinona. *Biochem. biophys. Res. Commun.* 70, 839-845.

B. Ke , R. E. Hansen & H. Beinert (1973). Potenciais de oxidação-redução de proteínas de ferro-enxofre ligadas ao fotossistema I. *Proc. natn.*

Acad. Sci. U.S.A.70, 2941-2945.

N. R. Kestner , J. Logan & J. Jortner (1974). Reacções térmicas de transferência de electrões em solventes polares. *J. Phys. Chem.* 78, 2148-2166.

T. Kihara & B. Chance (1969). Fotooxidação de citocromos a temperaturas de azoto líquido em bactérias fotossintéticas. *Biochim. biophys. Ata* 189, 116-124.

T. Kihara & P. L. Dutton (1970). Reacções induzidas pela luz em bactérias fotossintéticas. I. Reacções em células inteiras e em extractos sem células a temperaturas de azoto líquido. *Biochim. biophys. Ata* 205, 196-204.

T. Kihara & J. A. Mccray (1973). Reacções de oxidação-redução da água e do citocromo. *Biochim. biophys. Ata* 292, 297-309.

J. Klein , A. Leger , M. Belin , D. Defourneau & M. J. L. Sangster (1973). Espectroscopia de tunelamento inelástico de elétrons de junções metal-isolador-metal. *Phys. Rev.* B 7, 2336-2348.

D. B. Knaff & D. I. Arnon (1969). Oxidação induzida pela luz de um citocromo do tipo b de cloroplasto a - 189 °C. *Proc. natn. Acad. Sci.* U.S.A.63, 956-962.

D. B. Knaff & R. Malkin (1974). O efeito da temperatura na reação primária do fotossistema II do cloroplasto. Evidência de uma reação de retorno dependente da temperatura. *Biochim. biophys. Ata* 347, 395-403.

A. A. Kononenko , E. P. Lukashev , A. B. Rubin & P. S. Venedlktov (1972). Sobre a interação da bacterioclorofila fotoactiva com o aceitador de electrões primário no centro de reação de Ectothiorhodospira shaposhnikovii. *Biochim. biophys. Ata* 275, 130-133.

C. S. Korman & R. V. Coleman (1977). Espectroscopia de tunelamento de electrões inelásticos de compostos de anel único adsorvidos em alumina. *Phys. Rev.* B 15, 1877-1893.

A. Kowalsky (1965). Estudos de ressonância magnética nuclear do citocromo c. Possível deslocalização de electrões. *Bioquímica* 4, 2382-2388.

H. A. Kramers (1926). Wellenmechanik und halbzahlige Quantisierung. *Z. Phys.* 39, 828-840.

R. Kubo (1952). Ionização térmica de electrões aprisionados. *Phys. Rev.* 86, 929-93.

R. Kubo & Y. Toyozawa (1955). Aplicação do método da função geradora a transições radiativas e não radiativas de um eletrão aprisionado num cristal. *Prog. theor. Phys.* 13, 160-182.

M. C. Kung & D. Devault (1976). Estado tripleto de carotenóides em cromatóforos de R. Spheroides GA. *Photochem. & Photobiol.* 24, 87-89.

S. L. Kurtin , T. C. Mcgill & C. A. Mead (1971). Tunelamento direto entre eletrodos em GaSe. *Phys. Rev.*

B 3, 3368-3379.

A. M. Kuznetsov , N. C. S/ndergard & J. Ulstrup (1978) Low-temperature electron transfer in bacterial photosynthesis. *Chem. Phys.* 29, 383-390.

E. J. Land & A. J. Swallow (1971). Reacções de um eletrão em sistemas bioquímicos estudadas por radiólise por impulsos. V. Citocromo C. *Archs Biochem. Biophys.* 145, 365-372

M. Lax (1952). O princípio de Franck-Condon e sua aplicação a cristais. *J. chem. Phys.* 20, 1752-1760.

J. S. Leigh Jr& D. F. Wilson (1972). Interacções heme-heme na citocromo c oxidase; efeitos da fotodissociação do composto CO. *Biochem. biophys. Res. Commun.* 48, 1266-1272.

J. S. Leigh Jr, D. F. Wilson , C. S. Owen & T. E. King (1974). Heme-heme interaction in cytochrome c oxidase: the cooperativity of the hemes of cytochrome c oxidase as evidenced in the reaction with CO. *Archs Biochem. Biophys.* 160, 476-486.

Printed by Books on Demand GmbH, Norderstedt / Germany